# 面向 2030：加速创新变革　实现绿色发展

## ——中德环境政策对话

生态环境部对外合作与交流中心　编著

U0344971

中国环境出版集团·北京

图书在版编目（CIP）数据

面向 2030：加速创新变革 实现绿色发展：中德环境政策对话/生态环境部对外合作与交流中心编著. —北京：中国环境出版集团，2020.9

ISBN 978-7-5111-4425-6

Ⅰ．①面… Ⅱ．①生… Ⅲ．①环境政策—研究—中国②环境政策—研究—德国③国际环境合作—研究—中国、德国　Ⅳ．①X-012②X-015.16

中国版本图书馆 CIP 数据核字（2020）第 172410 号

| | |
|---|---|
| 出 版 人 | 武德凯 |
| 责任编辑 | 殷玉婷 |
| 责任校对 | 任　丽 |
| 封面设计 | 宋　瑞 |

出版发行　**中国环境出版集团**
　　　　　（100062　北京市东城区广渠门内大街 16 号）
　　　　　网　　址：http://www.cesp.com.cn
　　　　　电子邮箱：bjgl@cesp.com.cn
　　　　　联系电话：010-67112765（编辑管理部）
　　　　　发行热线：010-67125803，010-67113405（传真）
印　　刷　北京市联华印刷厂
经　　销　各地新华书店
版　　次　2020 年 9 月第 1 版
印　　次　2020 年 9 月第 1 次印刷
开　　本　787×960　1/16
印　　张　6.25
字　　数　90 千字
定　　价　36.00 元

# 目　录

# 执 行 概 要

近年来，随着中国与德国双边关系发展水平不断提升，在两国领导人的重视与支持下，中德环境合作取得明显进展。环境议题是中德政府磋商的议题之一，双边环境合作得到两国领导人的高度肯定，成为《中德合作行动纲要》的重要组成部分。两国环境主管部门积极落实领导人倡议及两国政府磋商成果，以《关于加强中德环境伙伴关系合作的联合意向声明》和《关于应对气候变化合作的谅解备忘录》为指导，共同举办中德环境论坛、中德环境与气候变化工作组以及专家研讨会等合作活动，为两国务实开展环境合作搭建了全方位交流平台，开展了一系列环保项目合作，内容涉及气候变化、化学品管理、电子废物管理、生物多样性保护、低碳、循环经济发展等多个领域。中德环境合作从一般性人员交往与信息交流延伸至政策法规、管理系统、环保产业和污染防治等多领域的实质性合作，为促进两国友好关系和经贸往来发挥了积极作用。

2019 年，第六届中德环境论坛在北京举办，这是落实 2018 年 7 月两国总理在柏林举行的第五轮中德政府磋商联合声明的重要活动，由中国生态环境部、德国环境部、德国经济亚太委员会联合主办，生态环境部对外合作与交流中心、中国环境保护产业协会、德国国际合作机构（GIZ）共同承办。来自中德两国的政府部门、国际组织、研究机构、企业和非政府组织代表，共 200 余人参加了论坛。

会议围绕"面向 2030：加速创新变革，实现绿色发展"主题，就气候变化、生物多样性保护、循环经济和化学品管理等全球环境热点问题进行了交流与研讨。论坛期间举办了中德环保企业对接会，中国环境保护产业协会、德国国际合作机构（GIZ）和德国工商大会（AHK）邀请了德国欧绿保、Aqseptence、Jaeger Rubber、WESSLING、冰得仪器仪表、康姆德润达、河北先河、浦华环保、安徽环境、北京牡丹联友等两个国家的 40 多家企业参会并进行了点对点对接。

此次论坛上，参会嘉宾就创新绿色发展面临的挑战和机遇，推动实现绿色发展的政策、经济措施等进行了深入的交流，展望未来提出了多项建议和意见，对推动两国落实联合国《2030 年可持续发展议程》，实现绿色发展，保障中德环境合作行稳致远具有重要意义。

## 一、对中德绿色发展的建议

来自中国、德国和欧盟的官员和专家围绕"《2030 年可持续发展议程》与全球气候治理和生物多样性保护"的主题在第六届中德环境论坛开幕式上做了主旨发言，多角度、多维度地提出了推动全球绿色发展的建议。生态环境部环境与经济政策研究中心主任吴舜泽提出，中国的绿色发展进入"深水区"，亟须理念、技术和制度创新。欧盟驻华使团副代表蒂莫西·哈林顿希望欧盟与中国继续保持密切合作，在气候变化、生物多样性保护等领域发挥更大的作用。中国生态环境部气候司副司长孙桢指出，《2030 年可持续发展议程》和《巴黎协定》彰显了全球绿色低碳发展的大趋势，各方必须坚定地维护多边主义，各自肩负起应负的责任，郑重的承诺并转化为实际行动，并且不断提高行动的力度。德国经济亚太委员会副主席阿克塞尔·施韦策表示，中德企业可以通过技术创新、商业模式创新，开展公平竞争，开发合作潜力，共同携手应对发展中的挑战。中国环境科学研究院生态所所长李俊生指出，中国的生态文明、保护绿水青山理念，为保护中国的生物多样性，乃至全球的生物多样性作出了贡献；未来要在生态文明思想的指导下，进一步推进生物多样性的主流化，包括理念、国家政策完善、法规制度建立，推动中国的生物多样性保护和全球的生物多样性保护。德国地球之友主席休伯特·威格强调，民间社会参与生物多样性保护非常重要，我们要通过宣传教育向民众提供资料和信息，提高人们的环境意识。

## 二、对加速创新与行动应对气候变化政策的建议

分论坛一的主题是"加速创新与行动，应对气候变化"，与会嘉宾就气候变化国家战略、工业和能源转型、数字化、金融创新在气候变化中的应用等进行了交流与分享。德国联邦环境、自然保护和核安全部（BMU）气候、欧洲和国际政策司司长卡斯滕·萨克表示，生态环境与经济发展之间没有矛盾，两者是可以相互支持的，欧洲期待与中国开展气候转型合作，希望中国参与欧洲气候转型进程。中国生态环境部气候司副司长孙桢表示，中国在气候变化工作中是积极的参与者、贡献者、引领者，中国作为一个主权国家，作为一个负责任的大国，要坚定不移地实施好应对气候变化的国家战略。国家气候战略中心研究员李俊峰指出，能源低碳发展关乎人类未来，中国的能源不仅要清洁化还要低碳化，同时还要智能化，这样才能不落后于时代。中国节能环保集团有限公司咨询有限公司副总经理吕韶阳表示，应对气候变化是一项复杂艰巨的系统工程，推动应对气候变化工作不仅需要国家政策的指引和扶持，还需要金融界的鼎力支持以及不断提高金融支持的科技含量。西门子中国可持续发展与业务发展战略主管马丁·克莱尔表示，应对气候变化挑战要用适用性的手段减少二氧化碳排放，同时也要应用创新的数字化技术，在发展和应用气候友好型技术时，德国和中国将发挥关键作用。

### 三、对工业和能源转型政策的建议

参会专家特别针对工业和能源转型方面提出了具有建设性的意见和建议。德国国际合作机构（GIZ）董事会副主席克里斯托弗·贝博士表示，中德两国都积极地应对气候变化，两国在技术创新领域都处于领先地位，需要进一步加大创新力度，真正实现《巴黎协定》的气候目标。德国联邦环境、自然保护和核安全部欧洲气候倡议和碳市场司欧盟气候和能源政策处处长西尔克·卡尔彻博士表示，在德国的倡议下，2015 年巴黎气候峰会期间正式成立"氧化亚氮气候行动小组"，德国希望能够加强与中国关于氧化亚氮减排技术的合作。蒂森克虏伯中国区技术、创新和可持续发展主管哈罗德·田呼吁，在未来更多元化地利用可再生能源，支持城市化、工业、农业一系列发展要求。荣根建筑师事务所首席执行官、建筑师与城市规划师路德维希·荣根教授指出，经济增长和环境并不是一个矛盾体，节能的建筑也是一种能够推动经济增长的因素，包括中国投资者在内的很多投资者在这个方面已经创造了一些业务模式。世界银行中国、韩国和蒙古局局长马丁·赖斯博士表示中国是发展最快的发展中国家，中国在很多技术领域方面已经做到全球领先，然而这些技术的推广还是不够的，尤其在气候领域，一些技术的知名度与扩散度不够，世界银行希望和中国开展更多合作，提升中国技术的推广度。国家应对气候变化战略研究和国际合作中心研究员苏明山指出，应对全球气候变化是一个复杂的综合性管理问题，需要从物流、能流、信息流和价值流四个维度分析，并综合考虑外部性、可持续性和有效性，需要构建综合性的管理框架。

### 四、对 2020 年后全球生物多样性框架及执行的建议

分论坛二研讨了 2020 年后全球生物多样性框架及执行的情况，嘉宾就提升

2020 年后生物多样性保护水平、国家/省/地方层面实施生物多样性保护情况、私营部门采取的行动、社会及非政府组织参与实施等议题进行发言并讨论。中国生态环境部生态司副巡视员刘宁表示，生物多样性是人类赖以生存的物质基础，也是实现绿色发展的必要条件，作为《生物多样性公约》缔约方，中国政府历来高度重视生物多样性保护工作，将此作为中国生态文明建设的重要组成部分。德国联邦环境、自然保护和核安全部自然保护理事会副司长约瑟夫·图姆布林克指出，我们需要国家、地区、群众和企业能够共同积极地参与到生物多样性保护活动之中，只有我们共同努力才能够真正地保护生物多样性。生态环境部南京环境科学研究所研究员刘燕指出，中国在过去的十年间确立了生物多样性保护优先和绿色发展的国家战略，完善了生物多样性保护的机制体制，强化执法检查和责任追究，国家战略行动计划中与生物多样性密切相关的优先行动均取得较大进展，生态环境质量持续改善。云南省生态环境厅副厅长高正文发言说，云南的物种丰富性、遗传资源的丰富性、生态系统的多样性使云南成为中国"生物多样性的宝库"，云南省土地面积的 30.9%都划定为生态保护红线，并制订云南省生物多样性保护战略计划，严格执法保护生物多样性。全球环境研究所彭奎指出，生物多样性是基础设施，是地球和人类的基础，是经济和社会的基础，保护生物多样性离不开社区，生物多样性保护的目标需要纳入社区发展目标。宜可城-地方可持续发展协会（ICLEI）秘书长吉诺·范·贝京表示，希望政府开展多层次的生物多样性治理，以增强面对气候变化和生物多样性变化的应变能力，同时也希望能够拥有更多的包容性和以行动为导向的参与机制，让更多的人可以参与到生物多样性保护中。柏林联邦州最高自然保护局，参议院环境、运输和气候保护部门迈克尔·歌德博士表示，柏林的目标就是要建成一个绿色的城市，希望人们在这座大城市里能够满眼绿色，能够感受到人与自然之间的和谐。德国自然、动物和环境保护联盟主席凯·尼伯特表示，非政府组织要努力与政府联手一起保护生物多样性，需要政府出台更好的政策来提高生物多样性保护水平，加强德国非政府组织和其他国家非政府组织的联系。

## 五、对循环经济和可持续化学品管理领域的建议

分论坛三研讨的主要内容是循环经济和可持续化学品管理——更"安全"的循环经济——处理材料循环中的危险物质，参会代表就循环中的危险材料、中国固体废物管理及"无废城市"建设试点、中国化学品管理、建筑和电子设备中的塑料回收、可持续的闭环设计——以电池为例等议题发言并提出了相关政策建议。中国生态环境部固体废物与化学品司副司长周志强强调，中国政府高度重视固体废物与化学品环境管理工作，大幅减少进口固体废物种类和数量，严厉打击危险废物破坏环境的违法行为，坚决遏制危险废物非法转移。德国联邦环境、自然保护和核安全部排放控制、设施和运输安全、化学安全、环境与健康司长格特鲁德·萨勒介绍，德国政府制定了"废物产生预防项目"，旨在切断资源使用与经济增长间的正相关关系，从而减少经济增长对环境造成的影响，实现对自然资源和原材料的可持续管理，同时亦推动德国的工业企业在未来变得更具竞争力。生态环境部固体废物与化学品管理技术中心研究员藤婧杰指出，现阶段中国要通过"无废城市"建设试点，统筹经济社会发展中的固体废物管理，大力推进源头减量、资源化利用和无害化处置，坚决遏制非法转移倾倒，探索建立量化指标体系，系统总结试点经验，形成可复制、可推广的建设模式。生态环境部固体废物与化学品司化学品处副处长田亚静介绍了中国化学品监督和管理工作情况，未来将开展化学物质环境风险评估，落实优先环境管理化学物质的环境风险管控，规范开展化学物质相关行政审批等方面的工作。生态环境部固体废物与化学品管理技术中心工程师王兆龙表示，根据《"十三五"生态环境保护规划》的有关要求，中国将健全再生资源回收利用网络，规范完善废旧电池综合利用与管理。莱茵检测认证

服务（中国）有限公司大中华区副总裁霍扬介绍了 2018 年欧盟开始实施循环经济一揽子计划，垃圾处理企业、非政府组织等参与整个废旧电池回收行业供应链，并实施废电子电气设备产品回收等政策工具，以此来推动电池回收行业的发展。科思创全球能源、气候和循环经济定位与倡导主管克里斯托夫·西福林介绍，科思创从 2005 年开始，致力于实现零碳增长的业务，整个生产当中逐步取代了化石能源，成功实现了对气候零影响的生产过程。欧绿保公司中国区战略经理蒋·乔伊斯表示，欧绿保集团作为环境供应商，投资提取和处理可回收材料技术，将充分发挥在危险废物循环方面的业务潜力。

　　展望未来，中德环保合作应共同着眼于增强全方位战略伙伴关系内涵，在巩固现有合作成果的基础上，继续深化在水和土壤保护、生物多样性、空气污染控制和环境标志等领域的合作。加强在"中国环境与发展国际合作委员会"框架下更为密切的合作，支持国合会政策研究项目及在海内外开展的各项活动。继续支持《巴黎协定》确定的目标，共同致力于为保护气候采取更积极的措施，在气候研究方面寻求更深入的合作。通过中德环境与气候变化工作组、彼得斯堡气候对话会、气候行动部长级会议等双多边渠道就气候变化国际进程深入交流。在全球可持续发展问题上加强合作，共同落实《2030 年可持续发展议程》的相关目标，推进绿色技术创新，开展环保科研和创新合作，探索联合开展"南-北-南合作"，与其他发展中国家分享先进技术、设备和管理经验，为解决全球性环境问题做出贡献。

# Executive Summary

In recent years, China and Germany have witnessed enhanced bilateral relations. Under the auspices of the leaders of both countries, Sino-German environmental cooperation has made notable headway. Environmental issues have long been the focus of Chinese and German governments. Bilateral cooperation on environmental protection has been highly recognized by the leaders of the two countries and has become an integral part of the *Plan of Action on German-Chinese Cooperation on Joint Innovation*. The environmental departments of the two countries have vigorously implemented the consensus of the leaders and the outcomes of the intergovernmental consultations. Under the guidance of the *Joint Declaration on Strengthening Sino-German Environmental Partnership* and the *Memorandum of Understanding for Cooperation on Addressing Climate Change*, the two sides have jointly organized cooperation events such as the Sino-German Environment Forum, the Sino-German Working Group on Environment and Climate Change, and expert seminars, providing a comprehensive exchange platform for environmental cooperation between the two countries, and carried out a myriad of cooperation projects on environmental protection in such fields as climate change, chemicals management, e-waste management, biodiversity conservation, low-carbon and circular economy development. Sino-German environmental cooperation has steered from general personnel interaction and information exchanges into concrete cooperation in the fields of policies and regulations, management systems, environmental protection industries and pollution prevention and control, and has energized the friendly relationship and economic and trade exchanges between the two countries.

In 2019, the 6th Sino-German Environment Forum was held in Beijing, with a view to implementing the *Joint Declaration from the Fifth German-Chinese Intergovernmental Consultations* held by the two Prime Ministers in Berlin in July 2018. The Forum was hosted by China's Ministry of Ecology and Environment (MEE), the German Federal Ministry for the Environment, Nature Conservation and Nuclear Safety and Asia-Pacific Committee of German Business, and organized by Foreign Environmental Cooperation Center (FECO) of MEE, China Association of Environmental Protection Industry (CAEPI) and German International Cooperation Agency (GIZ). Under the guiding theme "Towards 2030: Accelerating Change through Innovation for Greener Development", more than 200 high-level representatives from Chinese and German ministries, international organizations, academia, businesses and non-governmental organizations came together to exchange views on climate change, biodiversity conservation, circular economy and chemicals management among others. On the sidelines of the forum, a match-making meeting for environmental protection enterprises was staged. CAEPI, GIZ and the Association of German Chambers of Industry and Commerce (AHK) arranged business matching for over 40 enterprises, such as ALBA Group, Aqseptence, Jaeger Rubber, WESSLING, Bingde Instrumentation Trade (Shanghai) Co., Ltd., Comde-Derenda GmbH, Hebei Sailhero Environmental

Protection High-tech Co., Ltd., Thunip Corp., Ltd., Anhui Environmental Science and Technology Group Co., Ltd., and Beijing Peony Friends Union Environmental Protection Technology Co., Ltd..

At the forum, participants exchanged valuable insights on the challenges and opportunities for innovative green development, policies and economic measures to accelerate green development, and put forward a raft of suggestions and opinions for the future, which are of great significance for propelling 2030 Agenda for Sustainable Development and maintaining long-standing environmental cooperation between the two countries.

## I. Recommendations for Green Development in China and Germany

Officials and experts from China, Germany and the EU delivered keynote speeches at the opening addresses revolving around the theme of "2030 Agenda for Sustainable Development, Global Governance for Climate Change and Biodiversity Conservation", putting forward recommendations to promote green development at an international level from multiple perspectives and dimensions. Wu Shunze, Director General of the Policy Research Center for Environment and Economy, MEE, pointed out that China's green development has steered into the area where there are many difficulties, and this makes conceptual, technological and institutional innovation a pressing task. Tim Harrington, Deputy Head of the EU Delegation to China, expressed the hope that the EU and China could continue to work closely together to play a greater role in the fields of climate change and biodiversity conservation. The 2030 Agenda for Sustainable Development and the Paris Agreement underlie the dominant trend of green and low-carbon development. Both sides shall firmly advocate multilateralism and shoulder due responsibilities to consciously fulfill commitments and strengthen actions. Axel Schweitzer, Vice Chairman of APA, emphasized that through technological and business model innovation, Chinese and German enterprises can compete fairly, exploit potential for cooperation and jointly cope with challenges in the development course. According to Li Junsheng, Director of the Biodiversity Research Center, Chinese Research Academy of Environment Sciences, China's philosophy of safeguarding ecological civilization, green mountains and clear waters has made a difference on biodiversity conservation both in China and beyond. Looking forward, we should further intensify our efforts in biodiversity conservation under the guiding idea of ecological civilization especially to improve the concepts and national policies and establish regulations and systems, while facilitating biodiversity conservation both in China and beyond. Hubert Weiger, Chairman of Friends of the Earth Germany, stressed that it is of vital importance to engage social community in biodiversity conservation and raise their environmental awareness through dissemination and education.

## II. Policy Recommendations for Accelerating of Innovation and Action for Combating Climate Change

This Chapter outlines the key results of the Sub-forum 1 "Accelerating of Innovation and Action for Combating Climate Change". The participants exchanged and shared views on national strategies of climate change, industrial and energy transformation, digitalization, and application of financial innovation in climate change. According to Dr. Karsten Sach, Director General for International and European Policy and Climate Policy, Federal Ministry for the Environment, Nature Conservation and

Nuclear Safety, ecology and environment and economic development are not contradictory and can be mutually supportive. The EU expressed its willingness to cooperate with China to address the issue of climate change and welcomed China to participate in its endeavor for ecological civilization. As expressed by Sun Zhen, Deputy Director General of the Department of Climate Change, MEE, China is an active participant, contributor and leader in the global endeavor for ecological civilization. As a responsible sovereign country, China must unremittingly fight against climate change. According to Li Junfeng, Researcher at the National Center for Climate Change Strategy and International Cooperation, low-carbon energy development pertains to the future of human. We need to build a smart, clean and low-carbon energy system so that we would not be lagging behind. Lv Shaoyang, Vice General Manager of China Energy Conservation Investment Corporation argued that the battle against climate change is complicated and painstaking. Climate change endeavor requires not only the guidance and support of national policies, but also the support of financial community on a more technological scale. Martin Klarer, Director China Strategy for Siemens Ltd. China stressed that China and Germany shall try all means to reduce carbon dioxide emissions, alongside innovative digital technologies. Both sides will play a key role in developing and applying these climate-friendly technologies.

## III. Policy Recommendations for Industrial and Energy Transition

The expert participants put forward thought-provoking opinions and suggestions with regard to industrial and energy transition. Dr. Christoph Beier, Vice-Chair of the Management Board of the GIZ expressed that both China and Germany are actively coping with climate change, and as a bellwether in technological innovation, both countries need to intensify efforts in innovation so as to realize the climate goals set in the *Paris Agreement*. According to Dr. Silke Karcher, Head of Division, EU Climate and Energy Policy, European Climate Initiative (EUKI), Carbon Markets, Federal Ministry for the Environment, Nature Conservation and Nuclear Safety, advocated by the German Federal Ministry for the Environment, Nature Conservation and Nuclear Safety, the Nitric Acid Climate Action Group was formally established during the COP 21, and Germany hoped to work closely with China for installation of $N_2O$ abatement technology. Harold Tian, Head of Technology, Innovation and Sustainability China at Thyssenkrupp called to utilize renewable energy in more diversified ways in response to a raft of urbanization, industry and agriculture requirements. Ludwig Rongen, CEO of Rongen Architekten PartG mbB, Architect and City Planner pointed out that economic growth and environment are not a paradox. Energy-efficient buildings can also be a driver of economic growth. Many investors, including Chinese counterparts, have created some business models in this regard. As stressed by Martin Raiser, World Bank Country Director for China, Korea and Mongolia, China is the fastest-growing developing country and tops the world in a spectrum of technologies. However, these technologies have not been well promoted in China, especially in climate field, and some technologies are not well recognized and exposed. The World Bank expressed the willingness to cooperate with China to propel the application and promotion of Chinese technologies. Su Mingshan, Researcher at the National Center for Climate Change Strategy and International Cooperation, noted that global climate change is a complicated integrated management problem. We need to analyze from logistics, energy flow, information flow and value flow, and take into account externality, sustainability and effectiveness to build an integrated management framework.

## IV. Recommendations for Post-2020 Global Biodiversity Framework and its Implementation

This Chapter showcases the key results of the Sub-forum 2 "Post-2020 Global Biodiversity Framework and its Implementation". The representatives had in-depth discussion on post-2020 biodiversity conservation, national, provincial and regional endeavors, actions of private sectors, and participation of civil society and non-governmental organizations. According to Liu Ning, Deputy Director General of the Department of Nature and Ecology Conservation, MEE, biodiversity is not only the material basis for human beings, but the prerequisite for green development. As a party to the Convention, Chinese government has attached high importance to biodiversity conservation and made it an integral part of China's ecological civilization. As advocated by Josef Tumbrinck, Deputy Director General, Department of Nature Conservation, German Federal Ministry for the Environment, Nature Conservation and Nuclear Safety, the countries, regions, the public and enterprises shall actively participate in biodiversity conservation activities. A concerted effort secures a decisive victory in biodiversity conservation. According to Liu Yan, Researcher of Nanjing Institute of Environmental Sciences, MEE, in the past decade, China has formulated the national strategies of biodiversity conservation and green development, improved the biodiversity conservation system, and strengthened law enforcement and accountability, thereby making positive strides in the priority actions closely related to biodiversity and improving the ecology and environment quality. As outlined by Gao Zhengwen, Deputy Director General of Yunnan Environment and Ecology Department, the richness of species, genetic resources and ecosystem diversity make Yunnan a treasury of biodiversity in China. 30.9% of its land area is demarcated as the conservation red line, and there are a myriad of strategic plans on biodiversity conservation alongside strict enforcement of applicable laws. Peng Kui, Project Manager of Global Environmental Institute argued that biodiversity is the infrastructure and the foundation of the earth and human beings, and underpins economic and social development. Biodiversity conservation cannot be fulfilled without communities' efforts. The goal of biodiversity conservation should be incorporated into the community development goals. Gino Van Begin, Secretary General of ICLEI-Local Governments for Sustainability expressed the hope for governments to conduct biodiversity governance at different levels, so as to enhance the resilience to climate and biodiversity change. At the same time, more inclusive and action-oriented participation mechanisms are welcomed so that more people could engage in biodiversity conservation. Dr. Michael Goethe, Highest Nature Conservation Authority of the Federal State of Berlin, Senate Department for the Environment, Transport and Climate Protection, said that Berlin is uniquely positioned to build a green city where citizens can relish picturesque scenery and harmony between human and nature. Kai Niebert, President of German League for Nature, Animal and Environment Protection, stressed that non-governmental organizations should team up with the government towards biodiversity and expect better policies from government to strengthen biodiversity conservation and tighten the ties between Germany and the world in this field.

## V. Recommendations for Circular Economy and Sustainable Chemicals Management

This Chapter is about the Sub-forum 3 "Circular Economy and Sustainable Chemicals Management-A 'Safe' Circular Economy-Dealing with Hazardous Substances in Material Cycles". Representatives proposed policy recommendations concerning topics such as hazardous materials in material cycles, solid waste management and "zero-waste city" pilot project, chemical management, plastics recycling in construction and electronic equipment, and sustainable closed-loop design, exemplified by batteries. According to Zhou Liqiang, Deputy Director General of Solid Wastes and Chemicals Department, MEE, the Chinese government attaches great importance to the environmental management of solid wastes and chemicals, significantly reduce types and quantities of imported solid wastes, strictly control illegal activities of destroying the environment, and resolutely curb the illegal transfer of hazardous wastes. As denoted by Gertrud Sahler, Director General for Emission Control, Safety of Installations, Transport, Chemical Safety, Environment and Health of the German Federal Ministry for the Environment, Nature Conservation and Nuclear Safety, the German government has developed a "waste prevention project" to cut the positive correlation between resource utilization and economic growth, thereby minimizing environmental impact of economic growth, achieving sustainable management of natural resources and raw materials, and enhancing competitiveness of German industrial companies. Teng Jingjie, China Solid Waste and Chemicals Management Center, MEE, pointed out that at the current stage, with "zero-waste city" pilot project, Chinese government shall coordinate management of solid wastes in economic and social development, vigorously promote reduction, utilization, and harmless disposal of solid wastes, resolutely curb illegal transfer and dump, establish a quantitative indicator system, and systematically summarize pilot experience, so as to form a construction model that can be replicated and promoted. Tian Yajing, Deputy Director of Department of Solid Wastes and Chemicals, MEE, made an introduction to the supervision and management of chemicals in China, where initiatives such as environmental risk assessment of chemical substances, environmental risk control of chemical substances and administrative review and approval of chemical substances as per rules will be rolled out. According to Wang Zhaolong, China Solid Waste and Chemicals Management Center, MEE, pursuant to the *13th Five-Year Plan for Ecological Environmental Protection*, China will improve the recycling and utilization network of renewable resources, standardize and improve comprehensive utilization and management of used batteries. According to Huo Yang, Vice President of ÜV Rheinland Greater China, in 2018, the EU implemented the circular economy package plan. Waste treatment enterprises and non-governmental organizations have greatly contributed to the development of battery recycling sector by participation in the entire supply chain of the waste battery recycling sector and roll-out of waste electrical and electronic devices recycling policies. As told by Christoph Sievering, Covestro Deutschland AG, Global Positioning and Advocacy for Energy, Climate & Circular Economy CTO office, Covestro has been committed to zero carbon growth since 2005. Fossil energy has been gradually replaced in the entire production process, successfully realizing the production process with zero impact on climate. Jiang Joyce, Strategy Manager of ALBA China, expressed that as a leading environmental supplier, ALBA Group specializes in extraction and processing technologies of recyclable materials, and will exploit business potentials in hazardous waste recycling.

Looking forward, China and Germany shall focus on ascending the strategic partnership to a higher level. Apart from integrating existing cooperation results, both sides shall continue to deepen cooperation in fields of water and soil protection, biodiversity conservation, air pollution control and environmental labels. Both sides shall strengthen cooperation under the framework of the China Council for International Cooperation on Environment and Development (CCICED), and bolster policy research projects and activities initiated by CCICED at home and abroad. Both sides shall continue to underpin the goals set in the *Paris Agreement*, cooperate to take more effective measures for climate change mitigation and seek for further cooperation in climate research. Both sides shall conduct in-depth exchanges on international progress in climate change mitigation through Sino-German Working Group on Environment and Climate Action, Petersburg Climate Dialogue, Ministerial Meeting on Climate Change and other bilateral and multilateral channels. Both sides shall strengthen cooperation on global sustainable development issues, work together towards the goals of the 2030 Agenda for Sustainable Development, promote green technology innovation, cooperate in environmental protection research and innovation, seek for North-South and South-South cooperation, and share advanced technologies, equipment and management experience with other developing countries, so as to contribute to global environmental governance.

# 第1章

# 绿色发展政策与进展[1]

## 1.1 中国实现绿色发展面临的挑战[2]

　　中国通过污染防治攻坚战倒逼和促进政府、企业、公众共同发力，使得绿色发展举措实、行动快、成效大；总体良好，但是各个领域进展不一，呈现了行业和区域分化的特点；进入深水区，亟须理念、技术和制度创新。

　　中国实现绿色发展面临的三个挑战：一是经济结构发展阶段等客观因素决定了中国绿色转型的难度相对较大；二是中国正处于一个较快城镇化的速度区间，在一定时间内资源能源的形势压力还很大；三是全社会绿色发展方式和生活方式的主动性养成仍需要长期的过程。进一步加速创新变革、实现绿色发展，应完善法规制度政策，实施严格监管与有效激励相结合的政策体系，推动生态发展治理体系和治理能力现代化；绿色发展需要分区、分类和协调推进，注重区域平衡和公平对立；探索产业生态化和生态产业化的有效路径，实现绿色惠民、生

1. 本章内容由张楠、王新整理并编写。
2. 根据中国生态环境部环境与经济政策研究中心主任吴舜泽在第六届中德环境论坛上的发言整理，有所删节。

态强国。

### 1.1.1　中国绿色发展形势的认识判断

中国政府在长江经济带、京津冀、黄河等重大区域发展战略中都确立了生态优先、绿色发展的基本原则，通过技术变革，中国的可再生能源以及价格大幅度下降。根据卫星监测数据，中国的森林植被增加量占过去 15 年里全球植被总增加量的 25%以上。生态环境部环境与经济政策研究中心（PRCEE）的研究发现，中国利用网络平台出行的用户近 5 亿人，其中共享单车规模达到了 2.35 亿人，共享出行平台大幅度地提高了车辆的使用率，减少了私家车出行的频率，使用出行服务，而不是拥有出行工具的生活方式更深入人心。PRCEE 研究还发现"蚂蚁森林"网络平台的 5 亿用户，累计碳减排量约为深圳市市民一年生活用电量。"滴滴出行"软件实现的二氧化碳减排量相当于 80 万辆小汽车年均行使 1 万千米的排放量，相当于 110 万辆私家车一年的排放量。"淘宝"网络平台数据显示 2018 年的环境保护相关成交量同比增加了 100%，环保家具、环保建材的消费量同比上涨 51%；节能环保电器，如 LED 灯同比增幅率超过了 50%；公众在多个领域的绿色低碳行为呈现上升的趋势。北京市的空气污染治理、浙江省的"千村示范、万村整治"工程、塞罕坝林场的建设者、中国摩拜单车、支付宝的"蚂蚁森林"平台项目等获得了联合国"地球卫士奖"，总的来说，中国的绿色发展，特别是中国企业的绿色发展行为被国际社会认可。

中国绿色发展态势总体良好，但是各个领域进展不一，呈现了行业和区域分化的特点。PRCEE 对绿色发展的研究表明，对绿色发展贡献最大的是生态环保领域。资源能源利用、绿色生活方式等领域的进展，相对来说较为缓慢，这需要引起我们的高度重视。同时，研究也发现中国大部分地区的生态环境质量改善和经济的高质量增长，还没有在全局层面上实现相互促进的良性互动，中国东部地区绿色发展进程领先于中部地区和西部地区，在行业内部也有分化的现象。以督察执法为例，研究分析发现督察执法并没有显著减少高污染行业的利润总额，但是提高了行业的集中度；高污染、高耗能的行业，正在面临重构和"洗牌"的加剧趋势，推动了企业的优胜劣汰；行业内部呈现出一种分化，是一种逐步改善的发展趋势。企业家逐渐认识到，企业的环境表现，就是企业的最大竞争力。

中国绿色发展进入"深水区"，亟须理念、技术和制度创新。从经济发展阶段来说，把经济发展分为要素驱动、效率驱动及创新驱动三个阶段，按照这个划分方法，在人均 GDP 为 9 000～17 000 美元时，就是从效率驱动转向创新驱动阶段，而中国 2018 年的人均 GDP 接近 1 万美元，正好处于这个阶段，要改变过去的要素驱动这种高污染、高耗能的发展方式，就亟须通过绿色发展促进和倒逼实现爬坡过坎。从环境治理进程角度来看，随着中国污染防治攻坚战的持续稳定推进，环境治理的空间进一步收窄，剩下的都是"难啃的骨头"，边际效应逐步降低，推动生态环境质量稳定改善、持续改善，乃至 2035 年美丽中国目标的基本实现，更需要依靠生活方式和生产方式的绿色转型，绿色发展是解决污染问题的根本之策。

### 1.1.2　中国加速变革、实现绿色发展面临的三个挑战

第一个挑战：中国的经济结构发展阶段等客观因素决定了中国绿色转型的难度相对较大，需要持续推进、久久为功，不是一朝一夕可达成的，也不能提出过高的目标。中国的人口和经济的总量比较大，能源结构、产业结构、交通运输结构、用地结构、农业投入结构等转变很困难，并直接制约着绿色转型成效的充分发挥。一方面，中国的经济体量大，重工业的比重比较高，对传统产业结构的路径依赖比较明显，工业流程和消费模式很难较快转变，技术更新迭代的成本相对较高、周期相对较长，特别是与其他国家相比，中国存量经济的绿色化改造难度

比较人，布局优化也是难题之一；另一方面，尽管中国工业化、城镇化快速发展，但从规律上讲，中国城镇化的发展速度还处于一个较快的区间，中西部地区工业化进程需求仍然比较强烈，而且与国际相比，中国工业化、城镇化的特点之一是拖尾的时间和延续的时间较长，所以在一定的时间内资源能源的形势压力仍然很大。研究发现，近些年某些地区或区域的某些行业呈现出资源形势、能源形势、环境质量波动的态势，与地区的结构因素、客观资源禀赋相关联，还没有达到脱钩脱敏良性循环的阶段。

第二个挑战：绿色发展是一种发展理念和方式的深刻革命，全社会绿色发展方式和生活方式的主动性养成是一个长期的过程。在生产领域，从市场主体角度来看，绿色发展理念还没有成为主流意识，企业开展绿色技术和商业模式创新的激励性仍然不足，相关的激励性政策仍不完善。近年来，"生态环境保护影响经济"的错误舆论甚至谣言时有发生，其中有些就是企业推进绿色发展的内生动力不强、不适应新要求的表现。在消费领域，中国现有消费模式与绿色发展方式还存在较大差距。一些新型问题如快递、外卖过度包装现象日益突出。PRCEE 做了一次约1.3 万份的调查，发现在一些领域，特别是在分类投放垃圾、践行绿色消费、参加环保实践等领域存在高认知度、低践行度的反差现象。因此，在绿色生活方式领域，较高的环境意识并不能直接自觉转变为友好的环境行为，还需要大力培养和践行绿色的文化，通过生活方式的绿色转型，倒逼生产方式的绿色转型，从政治、经济、社会、文化等各个环节推动绿色发展的强大活力。

第三个挑战：绿色转型面临较强的技术创新瓶颈，政策导向和措施还需进一步强化。总的来说，中国作为发展中国家，经济从灰色向绿色转变，从高碳向低碳转变，最大的制约因素是整体技术水平相对落后，中国在国际经济体系中的地位和分工还处于中低端，高附加值的环节不多。绿色技术涉及多维度、多学科、多领域交叉，涉及新材料、清洁能源的前沿应用技术。中国对绿色发展的关键技术需求十分迫切，所以如何强化国际绿色技术的转移扩散、转化合作，将新型前沿科技技术与绿色发展的应用前景有机高效集成融合，是中国绿色技术创新的重中之重。

## 1.1.3　中国进一步加速创新变革、实现绿色发展的目标导向

第一，中国需完善法规制度政策，实施严格监管和有效激励相结合的政策体系，推动生态发展治理体系和治理能力现代化。如果没有制度、法制、政策的保驾护航，绿色发展理念就是空中楼阁。已经取得的绿色发展的成效，正是因为同步推动法律的执行力、政策的保驾护航工作而实现的，有必要在过去的基础之上进行理论研究、归纳总结，找出固化的、需要坚持的、需要完善的领域，使法规制度体系尽早系统完善、成熟定型、协调高效。另外，要在现有工作基础上继续保持严格的生态环境监管力度，向全社会特别是企业界传递一个稳定的信号，强化源头管控，同时要更加注重市场激励的设置，包括税收、财政补贴、绿色信贷、排污交易等经济政策工具，实现外部成本和效果的内部化，促进治理体系和治理能力现代化。

第二，绿色发展需要分区、分类和协调推进，需要注重区域平衡和公平对立，由于中国各个区域的发展阶段不同、自然生态禀赋差别较大，所以应该对不同类型的区域明确不同的发展路径，充分发挥各个地方的创造性、积极性，实现发展机会公平。特别是中国一些很贫困的地区，大部分是重点生态功能区、生态脆弱区，所以在转型发展过程中要坚持扶贫开发和生态环境保护相统一，充分发挥生态环境保护在精准扶贫、精准脱贫方面的作用，要让绿色发展成为消除贫困、改善民生、实现绿色振兴的有机载体，持续发力，源源不断地提供动力，中国也有一些这方面做得好的经验和案例，也有一些亟待完善的地方，这是中国绿色发展需要解决的一个关键环节。

第二，中国需探索产业生态化和生态产业化的有效路径，实现绿色惠民、生态强国，处理好"绿水青山"和"金山银山"的协同和转换，既要让产业清洁、结构优化、与生态环境和谐相融，也要让美好的生态环境能够创造价值、增进老百姓的幸福、发展绿色经济、培养和壮大绿色发展新动能。借鉴国际的先进经验，改革自然资源的产权制度，重视自然资本和人力资本在绿色发展中的作用，探索自然资本可持续投入和创新的经营模式，形成配套公共政策体系，充分发挥自然资本投资，自然资源和自然资产在经济增长、绿色发展和社会福祉中的推动作用，也符合联合国可持续发展目标的要求。

第四，在当前的国际环境下，更应该在清洁美丽世界的绿色发展领域加强国际双向交流。中德长期持续的环保合作，是国际环境合作的一面旗帜。中德环境治理对话与交流具有良好的效果。中国作为目前世界上最大的绿色发展的实践国和行动者，德国作为较早的绿色技术的拥有者之一和绿色发展的先行者。中德环境合作发展空间非常大，应继续加强相互合作交流学习。

## 1.2　欧盟与中国环境合作情况[1]

气候变化、生物多样性保护和循环经济三个议题是欧盟近年来工作的重中之重，也是欧盟重点关注的环境议题。欧盟 2019 年发布了绿色新政。欧盟委员会主席冯德莱恩上任后不断强调气候变化是接下来几年欧盟工作的重中之重。欧盟对于气候变化、生物多样性保护以及循环经济等国际环境热点问题的政治方向与中方一致，在 2019 年的中欧峰会中也进一步明确，中欧的一致性对于双方合作来说非常重要。欧盟和中国在环境保护和气候变化方面一直有非常密切的合作。其中，一个非常重要的合作项目是碳排放交易系统合作，欧盟希望能够达成《巴黎协定》

---

1. 根据欧盟驻华使团副代表蒂莫西·哈林顿在第六届中德环境论坛上的发言整理，有所删节。

所制定的减排目标，也希望和中国一起引领其他国家履行《巴黎协定》。欧盟目前面临着很多挑战，气候变化使得欧盟几亿人在资源和生活上受到了非常大的压力，必须采取系统性的变革，应对气候变化。欧盟已经采取了一些系统性的措施来面对这些挑战，制定了 2050 年目标。欧洲委员会认为循环经济在这个过程当中会起着决定性的作用，总结欧盟在循环经济中的一些新经验，希望能够尽快地达成"碳中和"的目标。

希望欧盟与中国继续保持密切合作，在气候变化、生物多样性保护等领域发挥更大的作用。欧盟希望和中国进一步加强合作，达成联合国可持续发展目标。

## 1.3  中国应对气候变化政策介绍[1]

气候变化的严峻挑战证明了可持续发展仍然是人类发展的重要议题。在《联合国气候变化框架公约》（UNFCCC）的序言中阐明了气候变化的科学性，UNFCCC作为国际法应该得到各缔约方的尊重。《2030 年可持续发展议程》和《巴黎协定》彰显了全球绿色低碳发展的大趋势，但是全球环境和气候治理以及可持续发展的进程，仍然任重道远。各方必须坚定地维护多边主义，各自肩负起应承担的责任，将郑重的承诺转化为实际行动，并且不断地提高行动的力度。

气候变化问题必须在可持续发展的框架下解决，也就是通过低碳发展的方式解决。所以可持续发展既是一个认识论，即在认识上要认识到可持续发展是一个重要的议题，也是一个方法论，即可持续发展不能只提出目标，没有解决手段，同样气候变化问题也不能只讲目标，不讲手段。气候行动会产生环境效果，环境行动也会产生正向的经济效果。低碳产业本身也是经济的新增长点，而且低碳技术的成本越来越低；经济需要低碳，而且低碳也可以经济。

---

1. 根据中国生态环境部气候司副司长孙桢在第六届中德环境论坛上的发言整理，有所删节。

环境问题从表象上看是人与自然的问题，从实质上和解决问题的办法上来看是人与人的关系问题。全球环境问题主要是国与国之间的问题关系，主要表现是发达国家与发展中国家之间的关系。全球气候变化合作自 1988 年开始，30 多年来，达成 UNFCCC、《巴黎协定》，是在各国政治互信、资金支持和技术支持下取得的成就。

中国也在应对着气候变化的严峻挑战，在人口密集的沿海地区面临着海平面上升问题，在生态脆弱的内陆地区面临着洪水、干旱的威胁，作为亚洲水塔的青藏高原面临着积雪和冰川的消融。从人口的数量、经济的体量、能源构成等现实条件，中国清楚地认识到中国的气候行动对世界意味着什么，充分地认识到气候变化问题的严重性，严肃地从环境的角度来定义中国的可持续发展；世界对中国的贡献也要有一个客观的、公允的、务实的预期和判断。

中国的气候行动是知行合一、坚定统一、保持定力的。中国坚定不移地实施积极应对气候变化的国家战略，坚定不移地走可持续发展的道路。国际上可持续发展主要有三个支柱：经济、社会和环境。中国可持续发展有五个支柱，除经济、社会、环境之外，还有社会、文化，这是中国对世界的贡献。应对气候变化必须要有政治领导力，必须要有文化的广泛性、基础性和稳定性。中国在全球环境问题上，提出了"人类命运共同体"的政治理念，在文化上也提出了"生态文明"的价值观。在制度创新方面有跨部门的领导小组，有应对气候变化攻坚规划，还有对落实可持续发展目标进行分解和落实，包括建立碳市场，基于中国发展不平衡、不充分的现实，推动地方试点，推动部分地区采取达峰行动，推动气候变化投融资工作，推动气候变化"南南合作"。在技术方面，中国的低碳技术成本不断下降，为世界做出了"中国制造"的贡献。以上都反映出中国的气候行动是非常坚定地落实既定目标的。未来，中国将坚定落实习近平主席宣布的 100% 承担自己义务，兑现中国应对气候变化承诺的要求，切实履行《巴黎协定》，强化应对气候变化的管理行动，促进中国绿色低碳转型和发展路径创新。

中德两国作为气候变化多边进程的积极参与者，一直在气候变化多边建设和双边合作领域保持着良好的合作关系。2009 年，两国签署了关于应对气候变化合作的备忘录，此后每年在两国轮流举行中德气候变化工作会议，截至目前已经召开了 9 次会议，开展了务实的合作。从 2020 年开始，中德气候变化工作组纳入中德环境与气候工作组框架，必将在更大的范围内促进中德双方在推进可持续发展、生态文明建设和减缓适应气候变化等方面的交流合作，共同为全球应对气候变化和实现绿色低碳可持续发展贡献力量。

## 1.4  德国实现可持续发展的政策[1]

中德环境论坛在推动中德环境和气候保护合作方面发挥着重要作用，加深双方相互了解，指明共同行动所面临的挑战和拥有的潜力，也为双方制定更适合的环境和气候政策提供助力。从历届论坛的主题可以看出"经济增长和变革"是双方关注的焦点，经济增长和变革并不矛盾，互相制约，也互相促进。中德企业可以通过技术创新、商业模式创新，开展公平竞争，开发合作潜力，共同携手应对发展中的挑战。第六届中德环境论坛致力于探讨可持续发展，面向 2030 年，加速创新变革，实现绿色发展。

德国经济发展进程中也有冒烟的烟囱、干枯的河流和消失的森林，如今的德国也已经吸取了教训，在推动原料供应、资源效率的能源转型，联邦政府不久前通过了《2030 年气候保护计划》，计划明确了气候保护目标和若干项措施。德国循环经济在经济体系中的比重多年来一直在稳步增长，动力来自高度的专业化分工以及持续升高的原材料循环利用标准和必要的技术发展。当前德国的循环经济

---

1. 根据德国经济亚太委员会副主席阿克塞尔·施韦策在第六届中德环境论坛上的发言整理，有所删节。

已经实现了约 760 亿欧元的营业额，每年雇佣约 30 万名员工，就业人数与能源经济行业的就业人数相同，且发展潜力是无限的。

2019 年是中华人民共和国成立 70 周年，在过去 30 年中，中国的经济发展有目共睹，中国为全球脱贫所做的贡献大于任何一个国家，但同时也显现了传统增长模式的局限性。为了在经济和环境影响之间取得平衡，中国已经在经济发展的同时，遏制过度的环境污染，并且推动协调环境保护工作，中国政府承诺最迟到 2030 年二氧化碳排放量开始减少，我们希望这个目标会更早地实现。

为保障不断增长的世界人口达到最低限度的富裕水平，经济需要增长，增长需要变革，变革也需要经济；为不过度消耗现有的资源，需要创新商业模式，需要探索一条可靠、合理的发展道路，开展公平竞争，全球各国推动创新。21 世纪我们面临的挑战要通过明确的目标、平等的规则和强有力的技术加以应对。中德两国合作具有巨大的潜力，能够共同携手应对挑战。

## 1.5　中国生物多样性保护政策[1]

中国的生态系统类型囊括了全球各种主要的生物多样性生态，从热带雨林、热带季雨林到寒温带生态系统都有分布，复杂的地理地貌也孕育着中国丰富的物种资源。中国的生态文明、保护绿水青山理念对保护中国的生物多样性，乃至全球的生物多样性做出了贡献。

### 1.5.1　中国生物多样性情况

中国是世界上生物多样性最丰富的国家之一，也是北半球生物多样性最丰富的国家。从生态系统类型看，中国的生态系统类型囊括了全球各种主要生态生物

---

1. 根据中国环境科学研究院生态所所长李俊生在第六届中德环境论坛上的发言整理，有所删节。

多样性，其中最大的是森林生态系统。中国所具有的复杂的生态系统和地理地貌孕育着丰富的物种资源，尤其是特有物种，例如大熊猫、金丝猴、朱鹮，还有兰花类植物，都是中国的特有物种，这些物种在全球的生物多样性保护中占有非常重要的位置。同时，中国也有丰富的生物遗传资源，例如水稻、大豆这些物种的起源地都在中国，中国的绿色资源也为全球各种粮食、水果的改良提供了重要的遗传资源。

目前，全球生物多样性在持续下降，中国生物多样性也受到了威胁。例如，气候变化导致的持续干旱，干旱导致内蒙古中东部草原的质量受到影响；气候变化引起的温度上升，经过 100 多年的观察，发现白马雪山树线升高 60 多米，青藏高原由于冰川的融化，其湖泊的面积在增加。同时，人类的活动、城镇化的发展、农业的开垦，对生物多样性也造成不同程度的影响。

## 1.5.2 中国保护生物多样性的政策措施和行动

中国生态文明对于保护生物多样性，维持生物多样性、生态系统功能都起到非常重要的作用。人与自然和谐共处，尊重自然、顺应自然、保护自然，把人作为自然的一分子来看，共同地努力保护全球生物多样性资源，也是保护人类自己。

中国共产党第十八次全国代表大会报告中首次提出了扩大森林、湖泊、湿地面积、保护生物多样性，在中国共产党第十九次全国代表大会报告中也提到了保护生物多样性。中国共产党第十八届中央委员会第三次全体会议也明确提出将生物多样性统一监管，建立国家公园，重视生物多样性保护。在机构体制方面，成立了生态环境部、自然资源部，把生物资源统一管理、统一监管。在资金投入方面，中国财政部专门成立了自然资源和生态环境司，加强对生物环境、生物多样性保护的财政投入。此外，中国也加强了生物多样性保护法制化建设，已经颁布涉及生物多样性条款的法律 20 余部，行政法规 40 多部，还有部门规章 50

多部。特别是云南省 2018 年颁布了《云南省生物多样性保护条例》，也是中国第一个省级生物多样性专门法律，对于区域和省域生物多样性保护发挥重要示范作用。

中国也将生物多样性保护纳入国家、地方和部门相关的规划中，例如国家自主功能区规划，在禁止开发区和限制开发区，把生物多样性保护作为重要内容，划定生态保护红线。目前，中国已经成立了 35 个生物多样性保护区，各种类型的自然保护地 11 800 多处，保护的面积覆盖国土面积的 18%左右，已经超过了联合国《生物多样性公约》提出的 17%的目标，对于全球保护生物多样性将发挥重要作用。2015 年以来，中国设立了 10 个国家公园试点，面积超过 20 000 平方千米，为国家遗传资源的保护、种子资源的保护发挥了重大的作用。中国实施生态修复工程，包括退耕还林、山林防护、退牧还草等，也取得了很大成就。生态工程不仅保护了生物多样性，而且对提高生态功能发挥了重要作用。

自 2014 年以来，中国在生物多样性科研方面也投入了很多资金，建立生态遥感监测体系，中国生态环境部作为生物多样性国内履约的牵头部门，组织相关部门和科研单位，开展全国的生物多样性重点调查工作，取得了很好的成效，收集了很多基础资料，为下一步制定生物多样性具体战略行动提供了支撑。

中国在宣传教育方面积极地开展了"爱鸟周""环境日""生物多样性日"活动，让民众了解自然、了解生物多样性。加强生物多样性国际合作，无论是国家层面，还是科研单位都进行了很多合作，例如中国环境科学研究院同德国有关机构已经开展了关于生物多样性、自然保护区管理、气候变化等领域的合作，取得了很好的成效，合作 11 年来，双方共同为保护生物多样性做出努力和贡献。

中国将主办《生物多样性公约》第十五次缔约方大会，正在制定的《生物多样性 2020 年后生物多样性框架》是影响全球生物多样性保护的重要文件，将通过进一步深化保护理念，确定生物多样性保护信心，制定考核目标，并与长远目标相协调，明确具体的行动。未来，中国将在生态文明思想指导下，进一步推进生物多样性的主流化，包括国家政策完善、法规制度建立，推动中国的生物多样性保护和全球的生物多样性保护。

## 1.6　德国生物多样性保护政策[1]

目前的世界正在走向生态崩溃,生物多样性的丧失已经威胁人类的生命根基,尽管我们做了很多的努力，但是却没能终止生物多样性丧失。全球生物多样性不仅是政府需要关注的议题，而且也需要整个人类的所有行为模式做出变化。因此目前有两个紧迫任务，一是防止气候变化，二是防止生物多样性的消失和丧失。

德国地球之友大约有 70 万名会员，是德国最大的环保组织。德国因为经济发展对环境造成的损失日益明显，在 1969 年推出了第一项环境计划，当时德国开展了自然和环境保护的讨论，建立了很多民间组织，这些组织致力于实现环境计划的目标，至今依然在为此做出努力。民间力量参与生物多样性保护非常重要，环保组织通过宣传教育向民众提供资料和信息，提高人们的环境意识。

德国政府在 2007 年制定了明确的生物多样性战略,实实在在地保护生物多样性，或者重新恢复生物多样性。德国实施了"绿色带倡议"，把曾经的东西德边界的"柏林墙"位置建成绿化带，象征着建设者与自然界的和解，代表人类重新认识到自然资源重要性，人类依赖于它们生存，需要更加合理地管理好自然资源和生物多样性。德国推行循环经济不仅意味着要节约资源、节约能源，而且也意味着减少对生物多样性的干预；保护土壤，保持土壤的多样性，因为土壤是生物多样性最丰富的介质，因此农业需要减少化肥农药的使用，对生物多样性做出进一步贡献；保护森林可以有效地保护气候，也可以更好地创造宝贵的栖息地；保护

---

1. 根据德国地球之友（BUND）主席休伯特·威格在第六届中德环境论坛上的发言整理，有所删节。

河流，保证用水，也可以对生物多样性和洪水防治做出贡献。德国民间力量参与生物多样性保护方面已经有很好的经验。在很多发达国家人与自然的关系变得越来越疏远，因此宣传教育变得更加重要。我们需要向民众提供足够的资料和信息，积极推动民众参与保护的过程。

# 第2章

# 加速创新与落实应对气候变化政策[1]

## 2.1 德国气候政策的进展和挑战[2]

全球经济学家普遍认同，生态环境与经济发展可以相互制约，两者之间并不存在矛盾。我们是否能够更好地应对气候变化，决定着各国未来的经济增长以及人民和国家的共同发展。针对这一问题，德国和中国首脑在 G20 会议期间曾展开深入探讨。经济合作与发展组织（OECD）曾委托开展了一项以证明积极应对气候变化有益经济与社会为目的的调研。过去几十年中，世界范围内的众多投资违背了《巴黎协定》。当前，各国正致力于将投资纳入气候友好型的国家发展路径，这与德国的发展目标一致。德国政府必须和人民一起面对协调气候变化与社会发展这一挑战。

2019 年，德国在气候保护工作方面，紧密联系人民群众。德国的青年一代要求政府努力推动气候保护相关工作，这极大地考验了德国现行的有关政策。例如，

---

1. 本章内容由王梦涵、杨玉川整理并编写。
2. 根据德国联邦环境、自然保护和核安全部气候、欧洲和国际政策司司长卡斯滕·萨克博士在第六届中德环境论坛上的发言整理，有所删节。

现行政策能否调控气候保护这一复杂的流程，能否经受住青年人认为——政府以子孙后代的生存环境为代价发展经济——这一质疑。因此，政府在制订政策时需要高度重视类似的问题。

2016 年，《巴黎协定》签订的第二年，德国开始制订气候保护计划。但是在后面的两年内，德国政府发现很难回应前面提到的几点问题，因为德国社会中有些人仍然有比较自私的想法，担心自己的利益受损。德国采取的第一个行动还是靠政府推动的。2019 年年初，德国政府决定建立一个由总理领导、成员包括 6 位部长在内的应对气候变化小组。该小组开展定期讨论，制定最符合社会现状的政策。2019 年 9 月 20 日，为筹备在纽约召开的联合国气候峰会，默克尔总理领导应对气候变化小组开了 20 个小时的会，拟定了应对气候变化一揽子计划。该计划包含了针对各个行业的具体措施，同时也有明确的标准和目标，即德国将在 2050 年成为"碳中和"国家。

从政策角度来看，这一目标与过去的目标完全不同。新目标提出德国要在 2050 年前 100%实现"碳中和"；而过去，德国的目标是在 2050 年前减少 80%的碳排放。过去这一目标显示，只要还有 20%的排放空间，各行业就有可能会懈怠。在此，重点介绍德国国内针对该计划讨论最多的三项具体措施。

一是制定《气候保护法》。德国首次以法律形式确定其中长期温室气体减排目标，提出在 2030 年实现温室气体排放总量较 1990 年水平减少 55%，到 2050 年应实现温室气体净零排放，并要求联邦政府部门在 2030 年率先实现公务领域温室气体的净零排放。根据该法规定，每年德国环境局将针对各领域的碳排放数据进行测定，并由独立专家委员会进行评估。如果碳排放不达标，将会对相关部长问责。这表示气候保护不仅仅是德国联邦环境、自然保护和核安全部部长的职责，而是所有部长都有气候保护的责任，都必须针对所负责的领域提出减排计划。同时，为达成目标，德国还需主动和周边国家开展合作。如果德国排放超过年度目标，德国可向邻国购买碳指标。

二是制定一份补贴方案。方案结合三个因素，即规则条例、财政激励机制、针对二氧化碳排放的机制。具体来说这个补贴机制旨在帮助工业行业完成实现"碳中和"的转型，照顾落实有困难的企业。同时，针对包括小型工业企业、交通领域以及建筑领域在内的其他领域，德国也将建立碳排放交易体系，最终这一体系将囊括每一位公民。当然，德国不会为每一位公民制定碳排放定额。此外，德国还推出了一种模式，在上游生产或销售化石燃料的生产商、贸易商、进口商、炼油厂以及加油站，将强制根据燃料的二氧化碳强度购买碳证书。而能源消费者，例如汽车、房屋的所有者，可以根据碳证书自由选择燃料，这一模式将会改变公民的消费模式。同时，政府也将针对基础设施领域引入一些补贴措施。政府此举并非为了创造额外的国家收入，而是把该举措带来的效益回馈给社会。

三是"退煤"措施。这是备受德国社会关注的一项举措。德国成立了"德国煤炭退出委员会"（以下简称"退煤"委员会），该委员会的 28 名成员来自政府、能源行业、环保组织和学界，由默克尔总理亲自指任。该委员会自 2018 年夏天以来一直在讨论淘汰煤电的时间表。目前，该委员会投票通过了一份 336 页的报告，最终达成了"退煤"时间表：德国到 2038 年实现煤电全部退出。该报告还规定，2032 年将针对进展开展评估，以此确认"退煤"截止日期是否可以提前到 2035年。"退煤"委员会表示，天然气将成为德国的补偿电源和备用电源（类似于英国的能源系统）。在德国，这一计划获得了全社会的广泛支持。

气候转型这一主题在欧洲已经十分明确。欧盟委员会新任主席冯德莱恩隶属德国保守党派。她上任后，公布应对气候变化新政——《欧洲绿色协议》，提出到2050 年欧洲在全球范围内率先实现"碳中和"，即二氧化碳净排放量降为零。未来，欧盟层面还将就气候保护方面采取更多行动。德国期待与中方携手合作。没有中国的参与，德国乃至欧洲将无法达成 2050 年实现"碳中和"的总体目标。

## 2.2　中国气候变化国家战略和政策措施[1]

中国长期致力于引导应对气候变化的国际合作，努力成为全球生态文明建设的重要参与者、贡献者和引领者。德国作为坚定致力于落实《巴黎协定》和联合国可持续发展目标的大国，在全球气候治理舞台上同样扮演着非常重要的角色。中德两国的环境交流与合作的主要目的就是互相鼓励、互相推动，从而拉动更多的第三方参与。中国和德国不是互相竞争的对手，两国各有所长，在某些方面中国需要向德国学习。当前，两国要充分认识气候变化问题的严重性，充分认识气候变化问题解决起来的复杂性、艰巨性。

中国坚定不移地实施应对气候变化战略，积极应对气候变化已经上升为中国的国家意志。中国国家主席习近平曾多次表示，应对气候变化不是别人要我来做，而是我们自己要做，是中国可持续发展的内在要求，也是负责任大国的应有担当。其中传达了三点信息：一是中国要树立一个新的发展理念，即可持续发展，保护生态文明；二是中国要勇担国际责任，与各国携手构建人类命运共同体；三是中国需要一种新的主权观：中国也是气候变化问题的受害者。对中华民族的子孙后代负责任，这是中国政府义不容辞的责任，不应依赖外界力量来推动。共建人类命运共同体要求各个国家积极应对气候变化，采取果断行动，而不是像个别国家一样，为维护国家权利不采取气候变化应对措施。在应对气候变化方面，中国同其他采取行动的主权国家一样，积极努力应对，这就是中国政府的态度。

目前，中国气候变化领域的相关制度、行动和理念创新可以归纳为以下七个方面。

一是在理念创新方面提出了"生态文明"，提出了"人类命运共同体"。

---

1. 根据中国生态环境部气候司副司长孙桢在第六届中德环境论坛上的发言整理，有所删节。

二是在制度创新方面成立了国务院跨部门的领导协调小组，制订国民经济和社会发展的五年计划以保证相关工作的落实。特别是 2018 年的国家机构改革，将气候变化工作从经济部门转到了环境部门。一些人担心中国的气候变化工作会因此受到影响，难以保证与经济的协调。实际上，无论气候变化工作在经济部门还是环境部门，都处在国家重要的工作日程里，也都是五年规划的重要内容，不会受到影响。

三是制定了约束性指标制度，加强了温室气体数据的采集和管理。具体来说是把总的温室气体排放控制目标分解到各省（自治区、直辖市）。同时，充分利用了生态环境系统全覆盖的工作优势。收集数据不是为了对企业进行惩罚，而是用最小的行政成本去管理好温室气体，扎实地推动温室气体减排工作。

四是积极培育碳市场。碳市场对数据可靠性要求高，本着为中国碳投资者负责、为整个社会的信心负责的原则，中国政府正在做大量的前期工作，积极推动碳市场的建设。除了培育碳市场，中国也在对负责实施碳政策的省级干部进行培训。

五是因地制宜开展了应对气候变化的试点工作。基于中国发展不平衡的现实，下一步不仅在城市里开展试点，还要在一部分省（自治区、直辖市）和行业推动开展试点工作。以试点再推广到全部的策略从而推动全国应对气候变化。这是中国的一条经验。

六是积极开展气候变化的学科建设和知识普及。在学科建设方面，中国现在已有几十所大学开设了与气候变化相关的课程。在大学的讲堂里不散布气候变化的否定论，这是一个强势的政治态度。气候变化专业方向的大学毕业生可以找到相关工作，说明低碳发展经济是有市场的。在科普工作方面，2019 年在深圳举办了第四届中国国际气候影视大会，全球几百部生态文明影视作品参加评选。获奖作品将会在学校里播放，有很好的宣传效果。

十是积极开展了气候变化收融资工作。中国欢迎德国来投资。其他创新方面，中国在"南南合作"中更多地引入了三方合作。

关于创新，与德国环境部门规划未来几年合作时就提到，中国环境部门要鼓励中国各行各业的企业多和国外尤其是发达国家的同行交流。要充分鼓励企业家精神，因为企业家一向愿意去瞄准先进的企业进行市场竞争。与中国环境部门气候司的影响相比，欧洲环保企业对中国企业的影响更大、更积极。在国家推动、市场行为拉力双向力量的作用下，企业间就可能形成低碳发展的奥林匹克竞赛，实现政府减排的目的。

气候变化领域的创新需要合作创新。碳捕集与封存方面的技术快速进步，相关成本也大幅度下降。然而，在应对气候变化过程中也存在一些问题，例如不同低碳行业之间互相诋毁，指责碳捕集与封存活动会多耗费能源。中国和美国能源相关部门过去一直在碳捕集与封存方面有合作。我们应致力于在世界范围内创造一个好的合作创新环境，这不光有利于政府之间的合作，也有利于各国企业之间的合作。

## 2.3　应对气候变化与能源转型[1]

20 世纪 90 年代，德国开始研究可再生能源之初，便发现了气候变化与能源转型之间的关系。与此相似，中国在研究可再生能源刚刚起步之时也注意到了两者之间的关系。经过 20 年的发展，中国在该领域的研究逐渐赶上德国。多年来，中国在应对气候变化和推动能源转型方面做了大量工作，国际达成的共识越来越多。在应对气候变化技术应用方面，国际上尚存一些不同观点，例如有观点认为应在硝酸铵生产领域里进行一氧化二氮减排；而在能源转型应用技术上，国际上

---

1. 根据国家应对气候变化战略研究和国际合作中心研究员李俊峰在第六届中德环境论坛上的发言整理，有所删节。

目标空前一致。

2002 年，时任德国总理施罗德倡导建立一个国际可再生能源联盟，聚焦可再生能源，旨在完成五个主要目标：一是满足日益增长的电力需求；二是增加就业、发展经济；三是降低能源成本，增加能源的可靠性；四是扶贫，帮助贫困国家发展；五是应对气候变化。该联盟把应对气候变化这一目标放在最后。2004 年，国际可再生能源联盟在萨克先生主持下高效运转。与此同时，中国开始制定《可再生能源法》及《可再生能源发展规划》，提出可再生能源在能源结构中占比要达到15%的目标。然而，《可再生能源法》和《可再生能源发展规划》没有涉及应对气候变化的具体目标。

气候变化是一个环境问题，也是一个发展问题，归根到底还是一个发展问题，需要通过发展来解决。这是开展应对气候变化工作时必须认清的本质。中国和德国在应对气候变化方面的一些宣传理念不一致。中国把黑臭水的治理、老旧汽车的淘汰都宣传为经济发展的动力，这一点在德国是难以想象的。习近平主席在三个不同场合均提到过经济系统的绿色低碳转型、能源系统的低碳转型和生活方式的转型，这三大转型也均被写进中国共产党第十九次全国代表大会报告。

德国在应对气候变化方面保持领先水平。与中国不同，德国很少提出类似"低碳经济""生态文明""绿水青山"这样的宣传理念。德国的理念更多的是技术理念，强调通过什么环保装备达到什么减排目的，例如通过硝酸技术减少一氧化二氮排放。技术理念方面，中国正在向德国学习、看齐。

另外，不同于中国先提出"经济发展要由高速度向高质量发展转型"这一理念，再去执行，德国自始至终专注于技术革新、专注于制造出质量好的产品，从而达到经济发展转型的要求。德国发展的核心观念是专注于技术革命，从而形成良性循环，已经在思考人类的发展要从资源依赖向技术依赖转型。这一观念的形成与德国是一个几乎没有资源的国家这一特点有关，因此德国只能依靠制造装备推动能源转型。20 年前，德国专家就技术革新发展方式讨论之时，还认为其行不通，尚未有定论。然而，事实证明德国的技术革新发展方式是行之有效的。例如，1997 年，欧盟提出到 2050 年欧盟国家可再生能源占能源消耗总量的 50% 这一目标，但当时外界对这一目标的可达性存疑。然而，就目前情况来看，这一目标是可实现的。最近，欧盟又提出一项雄心勃勃的目标，即到 2050 年实现"碳中和"。

德国的发展经验指明了一条依靠技术推动转型的新道路，值得中国借鉴学习。众所周知，依赖资源推动发展的旧道路是不可持续的，因为资源越来越少，价格越来越高，从而会引发资源争夺战。而技术推动的转型则不一样，因为技术靠循序积累，不断进步。不同国家的资源有先天厚薄之分，这一点难以改变，但是技术没有永远的先进落后之分，是可以通过努力来改变的。例如，中国的光伏技术就比德国先进，目前德国使用的光伏电池板有 90% 是中国制造。中国技术的不断进步表明，技术在国家间是可以相互学习、模仿、借鉴的。缺乏资源的国家可以专注于生产，为全球提供新能源装备，达到能源转型的目的。德国的西门子公司就是很好的例子。此外，技术进步还可以解决成本问题。例如 2004 年开始发展的光伏发电，成本是每瓦八美元，到 2009 年降低为每瓦两美元，到 2019 年则是每瓦 50 美分，降低幅度很大。资源推动和技术推动本质的差别决定了只有技术推动能源转型才是可持续的。

当前，要求能源转型的原因在于实现二氧化碳减排，实现低碳发展，让能源跟上时代发展，而应对气候变化并非最重要的目标。当今时代是智能化、数字化的时代，能源发展没有像其他事物一样迅速智能化、数字化，而是落后于时代发展，仍然停留在解决低碳化和清洁化问题上。过去，能源发展与时代发展并行，推动经济向前发展。因此，当今时代需要进行能源改革是为了适应时代发展，跟上时代发展的步伐。能源转型，尤其是能源的绿色、低碳发展，将会推动人类文明进步。在推动世界能源转型过程中，德国前总理施罗德的贡献尤为突出，在他的推动下，中德能源合作发展不断向前迈进，取得积极进展。

总体而言，能源要解决三个问题。一是人类发展的清洁化和低碳化问题；二是满足万物互联时代的智能化需求；三是实现"我的能源我作主"。当前，大部分发达国家已经完成了能源清洁化，正在朝能源低碳化发展，例如欧盟提出 2050年实现"碳中和"。虽然中国在能源低碳化发展方面起步稍晚，但中国在不断学习、不断跟进。中国国家主席习近平对能源低碳发展问题尤为关注。2019 年 10 月 22日，"2019 年太原能源低碳发展论坛"在山西成功举办。习近平主席致贺信，他指出，能源低碳发展关乎人类未来，中国高度重视能源低碳发展，积极推进能源消费、供给、技术、体制革命。中国愿同国际社会一道，全方位加强能源合作，维护能源安全，应对气候变化，保护生态环境，促进可持续发展，更好地造福世界各国人民。

## 2.4　技术创新与气候变化[1]
### ——中国节能环保集团情况介绍

积极应对气候变化，构建持续稳定、有效的全球气候变化治理体系已成为全球绝大多数国家的共识。应对气候变化是一项复杂艰巨的系统工程，推动应对气候变化工作不仅需要国家政策的指引和扶持，金融界的鼎力支持，更需要不断提高金融支持的科技含量。

中国节能环保集团有限公司（以下简称"中国节能"）是中国生态文明建设和环境污染治理的一支重要力量。作为以节能环保为主业的中央企业，"中国节能"

---

1. 根据中节能咨询有限公司（系中国节能环保集团有限公司旗下产业智库）副总经理吕韶阳在第六届中德环境论坛上的发言整理，有所删节。

从成立之初就承担助推国家实现生态环境保护、促进绿色发展的历史使命，与中国的节能环保事业共同起步、共同发展、共同壮大。经过 30 多年的深耕细作，"中国节能"目前已经形成以能源节约、环境保护、清洁能源、资源综合利用为主业，以节能环保、综合服务为支撑的四加一的业务板块。业务领域涵盖太阳能和风力发电、垃圾焚烧发电、城市污水和工业污水处理、医疗和危险废弃物处置、土壤修复和重金属治理、矿山修复和废弃矿井治理、智慧照明等。"中国节能"拥有集咨询规划、勘察设计、投资建设、环境监测、装备制造、运营管理、大数据、金融服务等于一体的全产业链综合服务能力。

在数字化绿色金融创新探索方面，"中国节能"以系统内的专业金融机构——中节能财务公司为平台，努力构建绿色金融服务体系，积极开展绿色金融业务。通过内部绿色信贷投放，引导集团资金、资源，集中于节能环保主业领域及重大战略布局。

2017 年起，"中国节能"依托财务公司平台开展系统内部绿色信贷体系的建设，结合中国银行业协会、中国银行业绿色银行评定实施方案等指导性文件，对内部绿色信贷投放管理进行了全面梳理优化和流程再造。针对契合国家重大战略导向，符合集团节能环保主业及绿色效益显著的优质项目，给予政策倾斜及低成本资金的保障。针对集团内重要主业领域企业及项目的科技创新、长江大保护举措、运营项目技术指标达标率、产能达标率、企业环境处罚及环境不良信用记录、项目能效、项目资源综合利用效率、项目污染物排放量、项目市场环境风险等级等近 20 个维度建立了绿色信贷评价量化标准，切实实现了系统内绿色信贷标准化、经济化投放。目前，绿色信贷评价系统已投入使用，在保障长江大保护等重大战略落地过程中发挥了重要作用。"中国节能"通过建设绿色信贷评价体系，进一步提升了绿色信贷管理水平，提高了系统内资金投放与绿色发展的契合度。

近年来"中国节能"还通过财务公司平台累计发放绿色信贷资金 466 亿元，

有力地保障了集团节能环保主业的发展。在数字化绿色金融创新服务方面，"中国节能"是国内较早为金融机构提供绿色信贷相关咨询服务的机构。

自 2010 年起"中国节能"下属的中节能有限公司就开始从事绿色信贷领域的课题研究和技术咨询工作，同世界银行、亚洲开发银行等国际金融组织，以及国家开发银行、华夏银行、中国进出口银行等国际金融机构建立了广泛的合作关系，开展了绿色信贷的专题政策研究、融资模型设计、节能环保效益评价体系开发、项目筛选与评价、能力建设等一系列技术咨询活动。在银保监会的支持下，为国家开发银行、中国农业发展银行等金融机构开发的绿色信贷节能环保效益评价信息系统，实现了银行业绿色信贷项目节能环保效益的自动测算和动态评价。受中国金融学会、绿色金融专业委员会委托研究编录的《绿色债券支持项目目录》，成为中国人民银行在绿色金融领域发布的首个标准。

"中国节能"开展了包括绿色债券环境效益信息披露制度、绿色债券指标体系研究、《绿色信贷环境效益后评价机制》在内的众多研究（中国生态环境部支持），取得大批研究成果，为国内提升金融信息化水平做了众多基础性工作。此外，"中国节能"还率先在行业内开展了绿色债券认证信息披露服务和绿色债券指数编制等业务，为中国绿色金融的发展做出了一定贡献。

从时间来看，应对气候变化项目普遍具有投资大、收益率较低和回收期长的特征，带有很强的社会公益性。目前，国内资金市场缺乏足够的资金支持，金融机构对应对气候变化的支持力度仍然不足，还需要提高金融支持的效率和积极性。数字化金融创新，通过科技手段提高金融支持的效率、防范金融风险，对促进应对气候变化实现高质量发展具有重要意义。为实现信息化、数字化金融创新，仍需进一步在应对气候变化领域不断加大金融信息化、数字化的推广力度，通过信息化系统建设，提高金融支持应对气候变化的精准度和便利化，降低获取资金的难度和成本，提升整体行业优势。

生态文明建设关乎人类未来，建设绿色家园是人类的共同梦想。保护生态环境、应对气候变化需要世界各国同舟共济，共同努力。中国环保企业愿与世界各界和国内外合作伙伴紧密携手，为建设美丽中国和共建清洁美丽的美好世界做出更大的贡献。

## 2.5　数字化在应对气候变化中的作用[1]
### ——西门子公司情况介绍

气候保护是全球面临的一个核心挑战。从公司角度而言，西门子（Simens）公司要应对这一挑战就必须应用所有可以减少二氧化碳排放的手段。除政策框架条件之外，还需要改变公司的行为模式。此外，还需要坚持应用创新的数字化技术。中德两国在全球发展和应用气候友好型技术中将起到关键作用。为实现企业的可持续发展，西门子公司与客户以及合作伙伴共同在中国开展了众多创新和数字化方面的工作。

长久以来，西门子公司见证了中国的技术发展。1872 年，西门子向中国提供指针式电报机，标志着中国现代化电信事业的开端，也标志着西门子与中国合作的开端。1899 年，西门子在北京建造了中国最早的有轨电车。1912 年，西门子建成了中国第一座大型水力发电站，至今仍在发电。1999 年西门子在中国已有 40 多家运营企业，2019 年西门子在中国已有 90 多家企业活跃于中国市场。成功的合作伙伴关系在数字化时代依然持续。西门子第一家海外全数字化工厂建在中国四川省成都市。西门子是中国最大的外国企业，拥有 35 万名员工、40 个生产基地，在中国有 21 个研发中心 5 000 多名研发人员为用户研发更因地制宜的解决方案。

---

1. 根据西门子中国可持续发展与业务发展战略主管马丁·克莱尔在第六届中德环境论坛上的发言整理，有所删节。

西门子的产品和方案不仅帮助客户提升了竞争力，也帮助客户减少了二氧化碳的排放。通过不断创新，西门子公司的年销售额持续增加，同时助力全球二氧化碳持续减排。2018 年，西门子公司的环境类型产品减少了 6.9 亿吨的二氧化碳排放，这相当于德国二氧化碳排放量的 70%，甚至更多。未来，西门子将不仅为中国提供数字化技术，更会帮助中国构建一个完整的产业链，吸纳更多客户，共同创造附加值。

为帮助中国客户实现数字化，在地方实现以客户为导向的创新，西门子和地方客户建立了一套产业生态系统。一方面通过在地方培养推动数字化的人才，满足客户在数字化方面的需求；另一方面通过投资了解地方情况，与地方携手创新、创业。

西门子的数字经验中心为客户提供了数字化的体验，丰富了客户的体验，并为客户带来更多的生产潜力。在西门子应用实验室，工程师会利用行业知识和数字化专业知识，与客户、专家一起开发以数字为基础的服务方案。目前市场上，西门子有 200 多个物联网的专家与客户开展合作，帮助客户在数字化方面提高竞争力。西门子通过与客户及合作伙伴的共同合作，整合包括行业、网络安全、数字化在内的所有专业知识为客户产品增加附加值，不仅提高了客户产品的竞争力，同时还大幅度提高了能源效力。在中国，超过 45%的火力发电厂使用西门子高效透平技术。江苏省的 90 个发电厂通过应用西门子传感器实现了数据分析和发电的智能控制。

西门子的数字技术在中国各行业广泛应用。在城市交通管理方面，西门子和珠海市共同开发了一套智能交通管理系统，为人们提供行驶所需的各类信息，例如道路交通信息、轨道交通信息、汽车维修厂信息等。客户可以通过下载特定的应用程序来调取这些信息，进而为协调交通提供了便利。

在楼宇技术方面，由于 40%的温室气体排放来自建筑，因此楼宇控制技术可以为二氧化碳减排做出贡献。青岛中德生态园利用西门子技术建造了一个被动式房屋，每年可以减少 660 吨的二氧化碳排放。此外，西门子在济南市建立了一个高效的能源体系，采用智能微网技术管理能源和光伏发电，光伏发电效率提升了 70%，成本也降低了 30%。

西门子在中国拥有众多工业客户。这些工业企业既要保证生产效率，也要提高生产质量，以满足更严格的环境要求。因此，在市场上长期生存的唯一路径便是实现整个生产链的数字化。西门子的数字化方案确保各行各业的客户都能完成各自的数字化转型。以宝钢集团为例，在西门子帮助下，宝钢集团成功地从传统的重工业企业转型成为数字化企业。西门子通过节能或提高能源效率收回投资成本，帮助客户产品提高了竞争力，减少了二氧化碳排放，同时，在实施过程中西门子也得到了成长与发展。

西门子是全球第一家承诺于 2020 年实现二氧化碳减排 50%，并于 2030 年实现"碳中和"的大型工业企业，同时也为中国的减排工作做出了一定贡献。在中国，西门子设定了 2030 年实现"碳中和"的目标，并为此实施了众多举措，应用了多种技术。通过这些举措与技术，计划 2020 年二氧化碳的减排与 2015 年相比减少 80%。西门子的发展之路表明：通过技术创新与数字化应用，经济发展与气候保护可协调发展，共同实现，两者并不矛盾。

# 第**3**章

# 工业和能源转型政策[1]

## 3.1 德国工业及能源挑战[2]

德国是传统工业国，始终秉承制造业立国理念，坚定不移地推动以工业为基础的经济模式，是国际公认的、成绩斐然的工业大国。随着德国 2017 年制造业增加值在其国内增加值总额占比达到 23.36%，德国工业已领先欧盟各国，并处于国际前列。

德国一向是工业与能源使用大国。经历了 2011 年"3·11 核灾"的冲击，当年梅克尔政府大力推动"能源转型计划"，设定了三个目标，其中关于气候变迁防护目标是，在 2020 年、2050 年减碳达到比 1990 年分别减少 40%、80%～95%。为了达成德国自订的减碳目标，2019 年 1 月 30 日，由经济、环保组织、工会与公民倡议团体组成的"经济成长、结构变动与就业特别委员会"，对德国联邦政府提出于 2038 年退煤的建议。

---

1. 本章内容由黄金丽、贺信整理并编写。
2. 根据德国国际合作机构（GIZ）董事会副主席克里斯托弗·贝博士在第六届中德环境论坛上的发言整理，有所删节。

2019 年 11 月 15 日，德国联邦议院通过《气候保护法》，首次以法律形式确定德国中长期温室气体减排目标，包括到 2030 年时应实现温室气体排放总量较 1990 年至少减少 55%。《气候保护法》还规定，德国到 2050 年时应实现温室气体净零排放。联邦政府部门应在所有投资和采购过程中考虑减排目标，在 2030 年率先实现公务领域的温室气体净零排放。法律明确了德国能源、工业、建筑、交通、农林等不同领域所允许的碳排放量，规定联邦政府部门有义务监督有关领域遵守每年的减排目标。一旦相关行业未能实现减排目标，主管部门须在 3 个月内提交应急方案，联邦政府将在征询有关专家委员会意见的基础上采取相应措施确保减排。

德国的能源转型主要集中在电力部门。随着政府气候保护要求的不断提高，德国面临的转型压力也越来越大。为了发展可再生能源，德国提升了电价，目前德国已经是欧洲电价最高的国家之一。在财政的大力支持下，德国的风能和太阳能繁荣发展，促使可再生能源在 2018 年上半年取代煤炭，成为德国最重要的能源。德国产业龙头的汽车工业，在推动发展移动性电力储存设备，将加速带动产业革命电动汽车产业的发展。根据 2019 年 5 月国际能源总署（IEA）公布的《全球电动交通工具展望》（*Global EV Outlook 2019*），全球电动车辆市场排名分别为中国、美国、挪威、德国。

根据德国联邦政府 2019 年 9 月出台的《气候保护计划 2030》，德国在交通和建筑领域将采取一系列措施。例如大力投资短程公共交通和铁路；降低火车票价，提高短程飞机票税；增加部分新能源汽车的购买补贴；到 2030 年修建 100 万个充电桩；增加对电池生产、二氧化碳（$CO_2$）的储存与利用等领域的研发提供资助等；对建筑节能改造则给予税收优惠，支持安装新型采暖系统；居民改装更环保的设备或可再生能源供暖，最多可以获得更换费用 40% 的补贴等。

## 3.2 促进工业气候友好型技术投资的挑战[1]

### ——减少己二酸、硝酸和己内酰胺生产行业与产业相关的非 二氧化碳排放

一氧化二氮俗称"笑气",自然存在于大气中,但含量甚微。然而,由于农业、化石燃料燃烧以及工业生产等人类活动造成的排放,一氧化二氮已经成为仅次于二氧化碳和甲烷的第三大温室气体。按照《京都议定书》的规定,一氧化二氮属于为防止全球变暖而必须削减的温室气体之一,联合国环境规划署称,需要采取更为积极的举措。

在欧洲,大约有 130 家硝酸生产厂、5 家己二酸生产厂和 9 家己内酰胺生产厂。自 2013 年开始,所有硝酸和己二酸生产的一氧化二氮($N_2O$)均纳入欧洲碳排放交易体系(EU-ETS)覆盖范围,几乎所有设备均采用了一氧化二氮($N_2O$)减排技术,其中有些厂家早在之前的联合履行机制(JI)中便已采用了减排技术。对于己二酸生产,从 20 世纪 90 年代后期以来,大多数生产商都要遵守行业自律。

在德国,一氧化二氮主要在硝酸和己二酸相关产业中产生。1997—2010 年,一氧化二氮排放量从约 80 000 吨/年(约 2 100 万吨二氧化碳当量)减少到约 4 000 吨/年(约 100 万吨二氧化碳当量),主要是因为 3 家己二酸生产厂采用了减排技术设备。德国的一氧化二氮的排放已经减排了 95%。可以说,减排潜力的确是巨大的。

中国有 150～160 家硝酸生产厂、15 家己二酸生产厂和 20 家己内酰胺生产厂。2020 年,中国的一氧化二氮排放量预计将高达 560 000 吨(约 1.5 亿吨二氧化碳当量),其中约 1.2 亿吨二氧化碳当量属于己二酸生产排放。技术上可实现的减排

---

1. 根据德国联邦环境、自然保护和核安全部欧洲气候倡议和碳市场司欧盟气候和能源政策处长西尔克·卡尔彻博士在第六届中德环境论坛上的发言整理,有所删节。

效率可达 90%，因此这方面的减排潜能巨大（每年减排 1.3 亿吨二氧化碳当量是实际可行的）。目前已有 2 家己二酸生产厂和近 20 家硝酸生产厂已经实施清洁发展机制，装备了减排技术设备。

在 2015 年的巴黎气候会议上，德国政府倡导成立了"硝酸气候行动小组"，这是一个全球倡议，旨在减少全球硝酸行业一氧化二氮的排放量。目前已同 30 个国家有紧密的交流，8 个国家已经正式加入了这个倡议。中德两国已在该领域尝试开展合作，目前正在讨论双边合作项目。

## 3.3 能源转型：能源部门进展与挑战[1]
### ——德国蒂森克虏伯股份公司情况介绍

德国蒂森克虏伯（ThyssenKrupp）股份公司由蒂森（Thyssen）股份公司和克虏伯（Krupp）股份公司于 1999 年 3 月合并而成。蒂森股份公司和克虏伯股份公司均始建于 20 世纪初期，曾为欧洲钢铁工业和机器制造业做出杰出的贡献，是德国重工业的缩影。蒂森克虏伯集团为德国工业巨头，集团下属的蒂森克虏伯电梯集团是全球三大电梯和自动扶梯生产商之一。雇员约 28 500 人，销售额约为 35 亿欧元，经营业务遍及世界各地。蒂森克虏伯股份公司目前的产品范围涉及钢铁、汽车技术、机器制造、工程设计及贸易等领域。

通常来说，工业减排有两条实现路径：一个是在源头减少碳的使用，减少化石能源的使用；另一个是减少二氧化碳的排放成本。减排核心关注点就是如何提高效率，以降低成本。传统来讲无论是碳捕捉、碳存储还是"碳中和"，总是将二氧化碳当成无用物质、有害物质，但现在将二氧化碳以循环经济的思路利用起来，

---

1. 根据蒂森克虏伯集团中国区技术、创新和可持续发展主管哈罗德·田在第六届中德环境论坛上的发言整理，有所删节。

让二氧化碳处于工业链条，甚至是更大规模的工业链条里循环利用。例如，蒂森克虏伯公司在钢铁、化工领域都有业务，钢厂的炉顶气和化工生产的合成气在成分上有很多的相似性。主要成分都是二氧化碳、一氧化碳、氢气，可能还会有甲烷。化工企业在生产甲醇、氨的过程中还要加入二氧化碳进行补充。该公司就尝试把炉顶气进行处理后，作为化工原料使用起来，该项目叫作 Carbon2Chem。Carbon2Chem 是由蒂森克虏伯公司发起的一项合作研究项目，并得到了德国政府的资助。该项目将炼钢产生的废气作为化工生产链的起点，使钢厂废气中包含的氢、氮和碳等成为生产氨气、甲醇、聚合物和高级醇等各种化工产品的基础原料，从而使钢铁生产获得新的、可持续发展的机会。当前，Carbon2Chem 项目已成功利用钢厂废气生产出第一批甲醇和氨。

Carbon2Chem 项目实际上是把化工、钢铁、可再生能源结合在一起进行减排优化，旨在共同优化钢铁、化工、可再生能源，也是未来工业进一步可持续发展的机会。该项目是在德国政府的支持下，由蒂森克虏伯公司联合巴斯夫协会、弗劳恩霍夫协会等多家德国行业利用各自优势并联合实施。目前德国正在开展试点工作，也正积极地与中国企业交流，并计划在中国开始试点和推广。

## 3.4　金融和数字技术结合如何促进绿色投资[1]

被动房超低能耗建筑（Passive House）（以下简称"被动房"）的理念最早起源于德国，起初，其诞生的目的是节省化石能源消耗、保护环境，同时提高居住品质。如今，"被动房"的目标已演变为以合理的成本、超低的能耗，提供最佳的室内居住环境。

在德国，"被动房"是指仅利用高效保温隔热、太阳能、建筑物内部的热量等

---

1. 根据 Rongen Architekten PartG mbB 首席执行官路德维希·荣根教授在第六届中德环境论坛上的发言整理，有所删节。

技术和带有余热回收的新风装置，而不使用主动采暖设备，实现建筑全年达到
ISO 7730 规范要求的室内舒适温度范围的建筑。"被动"不是指完全没有能耗，
而是指一种智能设计：最小限度地利用复杂系统和不可再生能源来达成节能目标。

1991 年，全球第一栋依照"被动房"标准建造的公寓楼在德国黑森州达姆施
塔特市建成。20 多年来，"被动房"的理念和建筑已从德国传播到欧洲以及世界
其他国家和地区。国际被动房协会（IPHA）数据显示，目前全球的"被动房"超
过 6 万栋，其中超过 1.4 万栋获得了认证。

目前，随着技术的发展，除了住宅项目，"被动房"的标准和技术的应用领域
也在不断拓宽。此外，"被动房"在改造、翻新老房子上也大有用武之地。近年来，
随着可再生能源技术的快速发展，"被动房"标准制定机构德国被动房研究所于
2015 年 4 月推出了新的"被动房"级别——"被动房+"和"白金版被动房"。目
前，全球第一栋"被动房"在安装了光伏发电系统后，被认证为"被动房+"；2015
年年底在德国巴伐利亚州的考夫博伊伦新建的"能源之屋"则成为世界上首个获
得"白金版被动房"认证的节能房屋。

世界范围内"被动房"已经有很多应用，包括公共建筑、办公建筑、学校、
酒店、体育馆、博物馆、工业建筑等，同时发展的不只是欧洲，还包括亚洲、美
洲等区域。在"被动房"的设计和建造上，中德两国进行了卓有成效的合作，"被
动房"建筑已在中国秦皇岛、青岛、天津、哈尔滨等多个城市兴建。有媒体报道，
目前中国国内的"被动房"开发建设总量已居世界首位。

## 3.5 金融业在经济转型中的作用[1]

近年来，中国绿色金融发展迅速，绿色债券市场已经跻身世界前列。2018 年

---

1. 根据世界银行中国、韩国和蒙古局局长马丁·赖斯博士在第六届中德环境论坛上的发言整理，有所删节。

以来，中国多个部门相继推出绿色债券市场建设与发展监管条例，监管体系更加规范；多个地方政府着力研究部署绿色债券奖励政策，激励措施更加完善。

中国在很多的技术领域都已处于全球领先地位，但有些技术推广不够，尤其在气候变化领域。在中国，关注环境和金融的企业大多数都是国有企业、沿海企业和大型的私人企业；而中小型企业很少关注环境，更少关注环境金融，投资绿色技术的更少。融资是一个关键的角色，中国现在已经是全球第二大绿色融资市场，中国的政府部门和银行为绿色经济提供了很多的政策和应用资本。近年来，中国国内高度重视绿色产业发展，出台了一系列政策措施，有力地促进了绿色产业的发展壮大。但同时也面临概念泛化、标准不一、监管不力等问题。2019 年 3 月，中国国家发展改革委、工信部、自然资源部、生态环境部等 7 部委联合印发了《绿色产业指导目录（2019 年版）》，进一步厘清产业边界，以指导中国绿色产业发展。2019 年 5 月，中国人民银行印发《关于支持绿色金融改革创新试验区发行绿色债务融资工具的通知》，尽管目前仅有 5 个绿色金融改革创新试验区，债券种类只是绿色债务融资工具，但在支持试验区绿色发展的同时，其相关经验和做法也将会得到复制和推广，这对中国绿色债券市场的发展无疑具有重要的示范意义和促进作用，也是进一步贯彻落实绿色发展理念的具体体现。

中国在 2017 年年底启动了全国碳排放交易系统，并有望成为全球最大的碳交易市场。全球首个主要的碳排放权交易系统（ETS）——欧盟排放交易系统（EU ETS）于 2005 年投入运营。截至目前遍布四大洲的 24 个碳交易系统相继出现。

在绿色国债方面，中国目前已经是世界上最大的绿色债券发行国，中国的"十三五"规划明确提出，要"建立绿色金融体系"。

世界银行与中国、德国都是合作伙伴。世界银行和德国国际合作机构在巴西有合作项目，也希望能和中国开展类似的合作项目。

# 3.6　应对气候变化与数字化[1]

2015 年 12 月联合国气候变化大会在巴黎正式签署了《巴黎协定》，该协定的主要目标是将 21 世纪全球平均气温上升幅度控制在 2℃以内，并将全球气温上升幅度控制在前工业化时期水平之上 1.5℃以内。这个目标的实现需要各国的通力合作，也必须要依靠科技的进步和创新，在所有的领域实现快速、深刻和前所未有的变革。科技创新在其中发挥着基础性作用，在推动低碳转型中也发挥着引领的作用。我们需要充分运用科技创新成果来促进能源结构转型、产业结构调整、发展新型的产业，为应对气候变化做出新的贡献。数字化本身就是科技创新的重要领域，也是低碳转型中一个重要的助力和驱动力。如何促进数字化与传统行业相结合？在中国有很多例子，例如交通领域的共享经济，其实就是传统行业利用数字化和信息技术进行升级改造。数字化可以加快传统行业升级改造，为传统行业发展提供无限可能和新的活力。

数字化也为应对气候变化提供了一个侧面技术解决方案。气候变化问题形式上是一个复杂问题。这种高度复杂的综合性管理问题，不仅需要从物流、能流、价值流、信息流的角度来分析，还要考虑持续性、外部性、有效性，才能形成一个综合的根本解决方案。

信息技术的发展为未来应对气候变化提供了新的可能。气候变化问题的特殊性是因为其本身存在不确定性，全球升温与人类温室气体排放定量关系的不确定性影响应对气候变化国际合作的有效推进。为应对气候变化带来的新挑战，各个国家做出了很多的努力，科学家做出了很多工作。在透明度方面，《巴黎协定》框架下透明度方案在 2024 年应该会有新进步；在模型研究方面，信息化技术的发展

---

1. 根据国家应对气候变化战略研究和国际合作中心研究员苏明山在第六届中德环境论坛上的发言整理，有所删节。

助力温室气体与排放量之间的关系研究。数字化的技术也为中国的发展带来了利好，从统计数据可以看出，近几年中国数字化领域 GDP 增长超过 10%，且该领域连续四年增长率超过 10%，预示着未来有更好的发展。

　　中国国家应对气候变化战略研究和国际合作中心在未来应对气候变化数字化技术方面做了部署和努力，主要包括在透明度以及排放数据方面建立了综合管理平台。随着应对气候变化工作推进，政府决策部门需要快速应对各种挑战并做出应急的对策，需要以信息技术、数据库为基础，建立互联网数据库。例如，多个机构同时参与多个领域的清单编制工作，若能够建立起一个互联网数据库，那么就能对清单编制工作提供很大的便利。另外，在碳市场帮助平台方面，建立了碳市场自愿减排交易管理系统，中国还考虑建立碳市场企业数据库。2012 年 6 月，中国国家发展改革委颁布了《温室气体自愿减排交易管理办法》。该办法致力于构建统一、规范、公信力强的温室气体自愿减排交易体系。2015 年 1 月，中国国家发展改革委发布《关于国家自愿减排交易注册登记系统运行和开户相关事项的公告》，明确了自愿减排注册登记系统运维管理机构和开户管理流程，并成立了中国国家自愿减排注册登记系统运维管理办公室，组织制定了一系列管理办法和规则。

# 第 **4** 章
# 2020 **年后全球生物多样性框架及执行**[1]

## 4.1　中国生态环境保护政策[2]

　　中国和德国两国环保部门自 1994 年 9 月签署环境保护合作协定,启动环境保护合作以来,保持了频繁的高层互访。近几年来,双方在开展中德环境伙伴关系项目和中国生物多样性保护等重点工作方面,为推动中国生态环境保护工作发挥了积极的作用。

　　德国是推动欧洲乃至世界绿色发展的重要力量,也是中国推动绿色可持续发展进程中的重要合作伙伴之一。在过去的 20 多年里,中德双方环保部门开展了互利共赢、务实有效的环保合作,中德伙伴关系持续深化。生物多样性是人类赖以生存的物质基础,也是实现绿色发展的必要条件,作为《生物多样性公约》缔约方,中国政府历来高度重视生物多样性保护工作,将其作为中国生态文明建设的重要组成部分。多年来,中国和各缔约方一起认真履行公约的责任和义务,为遏

---

1. 本章内容由葛天祺整理并编写。
2. 根据中国生态环境部生态司刘宁副巡视员在第六届中德环境论坛上的发言整理,有所删节。

制生物多样性丧失实现"爱知目标"不断努力，中国坚持走生态优先绿色发展之路，在改善生态环境质量的同时，将生物多样性保护作为推动经济高质量发展的重要力量和抓手，生物多样性保护的中国实践取得了显著进展。为探索生物多样性和绿色发展实现路径，生态环境部开展了"绿水青山就是金山银山"的实践创新激励评选工作。依托生物多样性和生态资源发展生态经济，推动绿色发展，为世界各国树立了榜样。

生态环境部和德国环境部在生物多样性领域保持了长期的合作。2008 年，中国环境科学研究院和德国联邦自然保护局共同举办了一届中国生物多样性与生态系统服务国际研讨会，从此以后每年在中国或德国轮流举办研讨会，迄今已经举办了 11 届研讨会。通过合作机制，双方的交流研究进展积极拓展合作领域，为中德生态环境保护领域合作做出了积极的贡献。

《生物多样性公约》第 15 次缔约方大会（COP15）将在中国的昆明市举行，中国作为东道国正在积极推进各项筹备工作，"2020 年后全球生物多样性框架"是 COP15 的最重要的成果文件，它将为未来十年全球生物多样性保护描绘了一个蓝图，中国非常期待中德双方能凝聚共识，提升政治意愿，共同推动"2020 后框架"的全球磋商进程，为举办一届成功的、具有里程碑意义的缔约方大会做出我们共同的贡献。

## 4.2　德国生态环境保护政策[1]

关于生物多样性的讨论是非常重要和必要的，因为人类已经知道生物多样性是能够保护地球生态的。如果生态系统受到威胁，那受到损害的不仅仅是动物和

---

1. 根据德国联邦环境、自然保护和核安全部自然保护处处长约瑟夫·图姆布林克在第六届中德环境论坛上的发言整理，有所删节。

植物，还包括人类本身。农业需要生物多样性来保证农作物的生产，人类也需要树木植被等来保证空气的清新，所以人类需要保护气候和环境，以此避免洪涝等自然灾害的侵袭。同时，健康的生态系统也可以为人类提供丰富的食物。中国如果没有黄河，德国如果没有黑森林，结果将不堪设想。人类在生物多样性保护方面做出了非常多的努力，也取得了一些成就，但是生物多样性目前仍面临着巨大的危机。地球上的植物动物种类越来越少，每年有 700 万的动植物濒临死亡，这其实已经影响到了人类的正常生活。现在每年都会出现洪水，且有一年比一年严重的趋势，影响到很多动植物的生存，人类社会还未有能力对洪水进行很好的防控，这直接影响到经济。

人类需要保护环境，保护环境不仅仅是一个国家的任务，而是需要大家共同的努力，需要履行《生物多样性公约》，需要各个缔约方共同组织。例如，2010 年提出的目标应该得到所有国家共同的遵守，只有通过这样的方式，才能够取得成就，现在人类所取得的成就还是非常有限，远远没有达到预期。所以人们非常期待即将在昆明市举行的《生物多样性公约》第 15 届缔约方大会（COP15），希望会上制定的"2020 年后生物多样性新的框架"可以让世界各国共同以此为准则去保护生物多样性，希望它能给生物多样性保护工作指明新的方向。各个国家的生物多样性的战略和行动计划，对于整个缔约方来说是非常重要的，各个国家需要一个统一的、能够有可比性的汇报机制，以便了解各国是否实现了目标，以及各国采取措施是否可以得到统一的评估。

中国已经成为《生物多样性公约》的缔约国，德国即将会是欧盟委员会的主席国，中国也将举办 COP15，所以中德两国可以共同努力阻止生物多样性濒临灭绝的趋势。在德国，2007 年就建立了国家的政策策略，并采取了一系列的措施保护生物多样性，而且德国也在很多国际会议中传播这一理念。近年来，德国在生物多样性保护方面推出了一系列政策措施。例如，德国推出"保护昆虫行动计划"，在这个领域中，德国政府希望采取一系列具体措施，维护和维持昆虫的保护工作，保护濒临灭绝的昆虫。为此，德国政府已投入了几百万欧元的经费。德国同时也启动了"德国蓝色河域"项目，希望把德国境内的各个河流联合、联系在一起，形成一个美丽的蓝色河流带，通过这样的方式去维护和复兴河流生态系统，同时也可以保护河流沿岸地区免受洪水的影响。德国还建立了一系列的野生动物保护区域，还专门成立了一个由各州政府资助的基金会，每年投入约 1 000 万欧元保护野生动物保护区。

生物多样性保护工作需要所有人的积极参与，需要国家、地区、民众的共同参与，也需要企业积极地参与，只有共同努力才能够真正保护生物多样性。

## 4.3  提升 2020 年后生物多样性保护水平[1]

### 4.3.1  全球生物多样性保护所面临的机遇和挑战

2019 年 5 月，《生物多样性公约》第七次缔约方大会上发布了《全球生物多样性报告》，此报告对目前的"爱知目标"进展进行了评估，评估的结果并不特别乐观。在 20 个目标的 54 个要素中，只有 5 个要素的进展比较良好；有超过 75% 的要素进展比较差甚至远离目标；还有 17% 的目标要素进展是未知的，不知道有多大的进展，信息缺乏无法评价。中国开展的一部分工作是，对 2018 年 11 月提交的各国履行《生物多样性公约》的第六次国家报告的信息数据进行了分析，对目标的进展进行了评估。结果显示只有 3 个目标正在实现，17 个目标取得了一定的进展，但是它们不足以支撑整个"爱知目标"的实现。这意味着全球生物多样性保护在 2011—2020 年设定的目标并不能按预期实现，生物多样性丧失下降的

---

1. 根据中国生态环境部南京环境科学研究所研究员刘燕在第六届中德环境论坛上的发言整理，有所删节。

趋势没有得到根本的遏制。

国际社会对于生物多样性的保护越来越关注，它已经成为继气候变化之后又一个重点关注的领域。在 2019 年 9 月召开的气候变化行动峰会上，由中国和新西兰联合主持的"基于自然的解决方案"的议题为全球共同推动生物多样性保护创造了一个新的契机。另外，越来越多的双边和多边合作交流把生物多样性列为重要的内容。例如，近期中德双方的环境伙伴关系项目，也专门为《生物多样性公约》第 15 次缔约方大会（COP15）、生物多样性保护工作列出了新的项目和提出了新的合作意向。2018 年年底，在埃及召开的《生物多样性》第 14 次缔约方大会上，中国政府与埃及政府公约秘书处共同启动了《从沙姆沙叶赫到昆明：自然与人类行动议程》，号召社会各界广泛采取行动，也得到了全球各个阶层的积极响应。

### 4.3.2　中国在生物多样性保护方面所做出的成就

中国在过去的十年间，在生物多样性保护方面做到了哪些呢？确立了一个保护优先和绿色发展的国家战略；完善了生物多样性保护的机制体制，如建立国家生物多样性委员会，这个委员会由 28 个部委组成，由国务院副总理担任委员会的主任；加大了生态系统保护和修复的力度，由财政部、自然资源部、生态环境部共同牵头的山水林田湖草生态保护与修复项目已经在全国十多个省份开始了试点；强化执法检查和责任追究，通过"绿盾"等行动开展对于保护地的执法监督和检查；以政府为主导，推动公众参与到生物多样性保护，牵头组织了 NGO 等一些社会企业组织来参与到生物多样性的保护和宣传教育等工作中；同时也在开展国际合作与交流方面加大了力度。

中国《生物多样性公约》的第六次国家报告对中国生物多样性保护的成效进行了评估。我国报告的国家战略行动计划当中，设立了 30 个与生物多样性密切相关的优先行动，其中有 20 个行动取得了很大进展，9 个行动有一定的进展。主要成效有：国家重点保护的野生动植物种群数量稳中有升，分布范围逐渐扩大，生态环境质量持续改善，例如根据世界自然保护联盟（IUCN）的评估，熊猫的濒危等级已经上升。另外，在保护生物多样性的区域和生物多样性丰富的区域特别加强与经济社会发展的结合，把生物多样性与减贫脱贫工作结合起来，贫困人口数量大幅度下降。同时，第六次国家报告中也对 20 个"爱知目标"进行了评估，发现有 3 个目标超出预期，有 13 个目标正在实现。

### 4.3.3　COP15 的筹备工作

在 2019 年 2 月召开的中国生物多样性国家委员会会议上，国务院副总理韩正宣布昆明市为 COP15 举办地，会上通过了 COP15 筹备工作方案。2019 年 8 月，26 个部委参与了筹备工作组织委员会的第一次会议。2019 年 9 月 3 日，CBD 执行秘书与生态环境部部长李干杰在京共同发布了 COP15 大会主题——生态文明：共建地球生命共同体。

COP15 最受关注的一项议题就是"2020 年后全球生物多样性框架"。中国积极参与到整个框架的制定过程中。中国从 2019 年年初加强了与双（多）边的交流，特别是在核心议题上。例如，中国生态环境部组织中国科学院等科研机构的专家参与到"爱知目标"的实施进展评估分析工作中。基于全球 63 个国家的 63 份国家报告提交的数据进行分析，发现各大洲对于"爱知目标"的进展各有不同。在亚洲，执行最好的目标就是保护地，亚洲占全球 17% 陆地保护面积，另外，在生产与消费、传统知识等目标上取得不错的进展；在欧洲，保护地目标也同样是执行最好的一个目标，同时在知识分享、共享方面的目标也执行得不错。中国也建议对"爱知目标"修订和完善、继承和发展。

另外，关于国家自主承诺的问题（例如，是否以国家战略行动计划作为国家承诺的主体，还是设定新的一个自主承诺主体；国家主体和非国家主体不同的承诺有什么区别），也是我国研究和关注的重点。

在上一个十年进展过程中我们发现了由于一些指标和数据的缺乏，造成了对于全球"爱知目标"执行情况信息的缺失没办法有效评估进展的情况，所以中国提出应当加强在评估和审查方面的机制建设，特别是一些指标的有效应用等。

## 4.4　云南省生物多样性保护情况[1]

### 4.4.1　云南省 COP15 准备情况

COP15 将在在昆明市举行，主题是"生态文明：共建地球生命共同体"。人类从农业文明到工业文明现在到了生态文明时代，地球也只有一个，所以人类需要保护地球并共同构建地球生命共同体，这也是 COP15 的主旨和目标。COP15 的影响力大，这次大会要确定 2020 年以后全球生物多样性的框架，并展望 2050 年的愿景，国际社会对这次会议寄予很高期望，希望能够达成有助于保护生物多样性的框架。COP15 会议级别高，参会国家领导人和部长级官员达到 300 人；会期长，持续时间达到 14～20 天；规模大，196 个缔约方、联合国等有关国际组织以及 NGO 都会参加。

为什么 COP15 选择在昆明市召开呢？第一，云南省生物多样性非常丰富；第二，云南省的气候非常好，空气质量也非常高，云南省近两年的空气质量全国连续第一，优良率非常高；第三，会场会展中心地理位置优越，环境优美，左临滇池，右为昆明植物研究所的"富丽宫"。

---

1. 根据云南省生态环境厅副厅长高正文在第六届中德环境论坛上的发言整理，有所删节。

## 4.4.2　云南省生物多样性保护工作情况

云南省位于印度板块和欧亚板块接合部，在喜马拉雅的南端，两个板块碰撞以后产生了造山运动。云南高山隆起，最高海拔和最低海拔悬殊非常大，达到 6 000 多米，地形地貌也非常复杂，落差很大。如此，造就了气候的多样性，因为地形地貌的多样性，也就造就了生物的多样性。同时云南省也是一个民族文化丰富的省份，有 26 个民族，人口 1 500 余万人。

从全球的角度来看，云南省是全球生物多样性最丰富的地区之一。从中国的角度来看，云南省是中国生物多样性最丰富的省份。云南省有三条江：怒江、澜沧江、金沙江，造山运动使得云南的江河湖泊也非常多。

云南物种非常丰富，据 2016 年生物物种名录统计，云南省共有 25 000 多种生物物种。云南省的物种占到中国国家重点保护植物的 41%，动物的 50%。云南省还是很多物种的起源和分化中心，就栽培植物来说，云南省的栽培植物占到全国的 80%，中国的稻、麦、茶、甘蔗等都起源于云南省。云南省的生物物种特有程度非常高。很多生物只有云南省才有，如中国高等植物的 14% 是云南省特有的，脊椎动物 15% 是云南省特有的。同时，云南省在拥有丰富的生物多样性的同时，脆弱性也非常明显，抵抗外界的能力非常弱，一旦破坏非常难恢复。

云南省委、省政府高度重视生物多样性保护工作，要求保护好云南省的生物多样性，目前云南省建立了 161 个国家级自然保护区，云南省国土面积 30.9% 都划定为生态保护红线，全省 90% 以上的生态系统和 85% 以上的重点物种都得到了保护，同时，云南省加强环境保护的执法监督检查。在保护好生物多样性的同时也注重可持续发展，云南在发展中打三张牌：绿色能源、绿色食品、健康生活目的地。如云南的茶、云南的蔬菜、云南的药，现在都有千亿元级别的产值。为了做好保护好生物多样性的工作，云南省也加强了宣传，从 2016 年以来，连续召开了新闻发布会，发布了《生物物种名录》《生物物种红色名录》《生态系统名录》《物种入侵名录》等。2019 年，云南大百科全书发布，这本 120 多万字的百科全书，有望成为世界上第一部地区性的百科全书。

云南生物多样性保护工作仍然面临很多挑战：栖息地破坏、过度开发、外来物种入侵以及环境问题和气候变化。下一步的工作方向还是要加强宣传，完善政策，严格执法。"2020 年后生物多样性框架"通过后，云南省的生物多样性保护的战略计划也要做出相应修改。云南省是中国贫困县和人口最多的省份，所以我们既要保护好，也要发展好；要处理好两者之间的关系，走绿色发展之路。

## 4.5 中国私营部门采取的行动[1]

生物多样性保护工作最终的目的是人的福祉和人的生活。中国有很多生物多样性保护区，重点生态功能区占到国土总面积的 53%，但中国的自然保护地只占国土总面积的 18%，还有很大的发展空间。在此情况下，中国有很多的保护空缺和保护需求。

人在生物多样性保护中应当发挥出什么样的作用，怎样去协调人和生物多样性之间的关系，是我们需要考虑的问题。不仅是中国，在全球尤其是发展中国家，人类与生物多样性的关系都需要进一步的明确。全球生物多样性丧失最严重的地区其实都是人口最密集的地区。所以我们不得不考虑人类生存与生物多样性保护的平衡：

第一，生物多样性是人类的基础设施，同时人类的经济是社会的基础，所以这两者之间，即生态保护与发展之间的关系是"天然镶嵌"。第二，生物多样性保护开展的时候一定有社区，有社区才有生物多样性，所以这两者不是对立的。第

---

1. 根据全球环境研究所彭奎在第六届中德环境论坛上的发言整理，有所删节。

三，没有当地社区的参与生态保护和治理往往都会导致失败或者说达不到理想的目标，这就是为什么我们要在保护当中强调，生物多样性与人类的利益和人的福祉息息相关。第四，当地社区应该从生物多样性保护当中获得收益。第五，生物多样性保护的目标需要被纳入社区发展目标，这样才有希望把生物多样性工作往前推进。生物多样性工作推进当中需要照顾到人，因为人在这里生存也在这里保护。全球环境研究所的社区协议保护模式，就是希望社区成为保护的主体，而且他们有能力去参与保护，还可以从保护中获得收益，因为社区最了解他们的环境和生物多样性。在此过程中全球环境研究所还会给民众提供技能培训，让他们有能力、有意愿开展生物多样性保护工作。目前，全球环境研究所联合很多合作伙伴在中国和缅甸的 27 个社区做类似的保护工作，我们也希望更多的合作伙伴一起来做这样的保护。

希望有更多的力量来参与这个过程，鼓励中国公民参与进来，所以全球环境研究所在中国成立了"保护公益联盟"，希望到 2030 年中国的公益组织能够在生物多样性保护工作中发挥更大的力量。同样，我们在中国生态环境部的支持下，成立了生物多样性保护联盟。现在中国的环保民间组织已经增加到 8 000 余家，有超过 2 000 家自然教育机构在全国开展工作，而且这些自然教育机构越来越成熟，能够带动公众参与到保护中去。目前中国有 5 亿人次通过电子消费的形式参与到"蚂蚁森林"植树活动中，这是在互联网未出现之前难以想象的事情，所以中国公民在生物多样性行动方面发挥了巨大作用。

2020 年《生物多样性公约》第十五次缔约方大会在公民和社会的努力下，也会同政府与国际社会一起来使天空变蓝，环境更美，更好地实现生物多样性保护目标。

## 4.6　德国在国家-省-地方层面可持续发展的实施情况[1]
### ——"宜可城"-地方可持续发展协会情况介绍

　　"宜可城"是一个地方性可持续发展协会，有 1 700 多个城市参加了此协会，它的目的是和国家共同促进可持续发展。"宜可城"在 120 个国家开展活动，为地方政府推出可持续发展的政策，提供相关的咨询和服务，包括在当地推进低碳排放相关活动，可持续发展相关的活动，以及在循环经济等方面提供咨询服务。"宜可城"的成员也有来自全球各地的 200 多个不同领域的专家，这些专家经常会举办合作伙伴之间的研讨会，希望通过共同努力促进城市可持续发展。"宜可城"在全球有 22 个代表处。2018 年，"宜可城"成立了北京代表处，希望能够在这里促进中国可持续方面的发展。

　　"宜可城"希望能够为全球服务，现在生物多样性这个领域中存在很多问题，如果希望能够可持续地发展下去，我们需要全球能够给我们提供一个非常好的环境。现在的大环境下，生物多样性的受损会影响到城市的发展，也会影响到经济的发展，还会影响到人民的幸福和福祉。"宜可城"希望能够为地方政府提供相关的服务，帮助他们去贯彻执行国际公约，其中包括《联合国气候变化框架》《联合国生物多样性公约》以及《联合国防治荒漠化公约》等。"宜可城"也派出国际公约的正式观察员，对接全球地方政府的履行行动协调员，共同组织这方面的工作。"宜可城"在生物多样性保护方面做了非常多的工作，并在很多地方层面做了非常多的活动以促进区域层面的工作。从 2008 年"宜可城"协助组织举办《生物多样性公约》第九次缔约方大会开始，我们在历届大会期间都协助公约的秘书处以及

---

1. 根据"宜可城"-地方可持续发展协会（ICLEI）秘书长吉诺·范·贝京在第六届中德环境论坛上的发言整理，有所删节。

地方政府共同组织。通过和各个城市、各个区域进行合作，更好地贯彻《生物多样性公约》的相关目标。在 2010 年，"宜可城"开始做十年"爱知目标"的相关工作，收官之年就是 2020 年，届时需要对目标进行盘点。希望能够在云南省即将举办的 COP15 中签署一项绿色新政，我们也希望它跟《巴黎协定》一样，能够成为一个世界性的里程碑。"宜可城"希望地方政府成为这个全球框架的主要执行者，希望不同的城市和不同的区域可以共同努力，能在全球共同去开展生物多样性保护工作，能够减缓生物多样性丧失的趋势，通过这样的方式维持世界的可持续性发展。希望在 2020 年的生物多样性保护协议也能够与 2015 年的《巴黎协定》一样顺利签署，可以为未来生物多样性保护提供非常好的基础。

"宜可城"希望与中国的政府和中国的地方政府共同合作，促进生物多样性方面的发展，而且希望帮助地方政府更好地开展生物多样性相关活动。"宜可城"也希望能够在《生物多样性公约》第 15 届缔约方大会上签订出比较明确的规则和框架，以及确定相关目的。通过签署这方面的协议和制定相关的措施，帮助推动这种全球框架在全世界范围内的传播。

同时，"宜可城"也提出了自然城市倡议并制作了网上交流平台，让所有利益相关者可以共同在这个平台上交换相关工具包资料，可以共同分享各地在城市和自然方面所做的生物多样性保护工作，分享工作中的成就和经验。另外，"宜可城"也希望与合作伙伴共同努力，为地方层面的生物多样性措施的实施提出意见和建议，打造一个多方平台，通过这样的平台可以加强生物多样性保护方面的知识汇集，同时可以更好地在全世界和中国传播生物多样性。"宜可城"希望可以得到各个政府、各个机构和各个组织的支持和帮助，通过联合各个伙伴才能够更好地实现完成生物多样性的目标，共同采取相关的措施，在不同等级——从国家级到地方级再到城市级，更好地去落实相关措施。

"宜可城"也给地方政府生物多样性行动提出了一些框架性的建议。第一，希望能够展开多层次的政府治理，增强面对气候变化和生物多样性变化的应变能力；第二，希望有更多的包容性和以行动为导向的参与机制，让更多人可以参与到活动中；第三，增加国家和地方对生物多样性基于自然解决方案的投资，来促进这方面的工作；第四，希望增加对地方生物多样性方面的国际投资；第五，希望能够把生物多样性融入整个城市发展和城市规划之中；第六，希望政策决策者可以加入"宜可城"的伙伴行列之中，通过不同层面、不同领域的交流才能更好地推动生物多样性的发展，生物多样性保护工作需要这样的发展，"宜可城"希望能够搭建这样的框架和网络。

"宜可城"将会从 20 多个国家邀请专家在云南 COP15 中展开对生物多样性发展的热烈讨论，希望在这次缔约方大会中签订一个总的框架，可以为今后的目标帮助各个国家的各个层面。"宜可城"希望在 COP15 会议中展开科学和政策方面的讨论，交流相关的经验，通过这些科学和政策的分析得出结论，帮助地方政府更好地进行措施实施，也希望通过 COP15 交流经验，展开讨论，帮助人们更好地贯彻执行具体措施。

## 4.7　生物多样性保护的地方实践[1]
### ——德国柏林市生物多样性保护情况介绍

德国一共 16 个联邦州，首都柏林就是一个单独的联邦州，像中国的直辖市一样。柏林的人口超过百万，柏林所在的位置是面向东欧的大门。柏林这个城市可以一分为二：一半是水泥建筑，还有一半是自然风景，这是柏林的一大特点。柏林 55%的城市区域都是有绿化的，空中俯瞰柏林这座城市是一片绿色的海洋，也

---

1. 根据柏林联邦州最高自然保护局，参议院环境、运输和气候保护部门迈克尔·歌德博士在第六届中德环境论坛上的发言整理，有所删节。

像一个大花园。柏林市政府希望能够保护城市的绿色，保护城市的绿色植被。柏林 17% 的土地属于欧洲的保护地或者是德国国家层面的保护地，城市区域的森林覆盖率达到 18%。另外柏林的动物园在全球也是非常有名的，同时柏林也有大片的农田。

长久以来，柏林政府都希望能够做到一体化的城市设计，也就是说做城市设计的同时结合城市景观的规划、文化的结构，以及教育机构等元素。在城市规划的土地使用方面，柏林政府非常注重生物多样性的保护，这是政策制定中非常重要的一个组成部分，这不仅是决策者编写这些文件，以此照章执行，而且希望市民能够参与到城市规划中，听取他们的意见。

在整个城市的规划和设计当中，柏林政府希望做到双轨并行。一方面是基础设施，另一方面是绿色植被（包括生物多样性保护工作）。目前已经存在"灰色"的基础设施，比如道路和水泥建筑，政府希望在这些"灰色"基础设施的附近能够有更多的绿色植被，也就是说在做基础设施设计的时候，政府同时会考虑生物多样性保护。柏林政府是如何实现这种设计的呢？通过不同层面的策略，有城市市政府层面，也有地区层面。从 2012 年开始，柏林政府让市民参与进来，听取他们在土地资源使用方面的意见和建议，同时政府也做了非常多的宣传。

总体来说，柏林的目标是要建成一个绿色的城市，希望生活在这座大城市里的人能够满眼绿色，能够感受到人与自然的和谐。柏林在城市中推广了很多主题活动，比如在城市里建立自己的花园和小菜园，让儿童去体验种植一些蔬菜或者是一些观赏性的植物等。柏林曾经被分为东西柏林，这里曾经是美国等其他国家在战争时期的驻军地，对于那些被弃用的军用土地，现在政府也做了一些新的规划和尝试，例如铺设草坪等，致力于促进整个生态环境里面不同生物的共生。另外，政府在景观设计或者是花园、植被种植以及田地耕作的规划中做了经济方面的考量，当地市民通过种植也可以有所收入。柏林在做这些项目的同时，也与不同的基金会和研究机构一起合作，包括德国工商大会、大学，以及柏林植物园等。

柏林政府希望人民能够共同努力去创造美好的家园，政府已经在城市中建立了很多的鸟类保护设施，还有公园等。政府选出 59 个重点关注的动物物种进行保护，因为柏林由于基础设施的建设，使得很多鱼类或者是鸟类已经消失，所以希望通过这样的保护，让鸟类和鱼类可以重新回到城市环境中。30 年来，政府也做了很多农业方面的改进，通过对土壤的改良，提高农业的可持续性；通过对草地的保护，维护更好的空气质量。政府希望在柏林成立国家公园，吸引不同的生物聚集到公园中，让整个城市变成一个大公园。这个目标非常雄伟，要实现这个目标还要走很长的一段路。柏林政府相信如果继续努力，今后能够越做越好，创造一个更好的生活环境。

## 4.8 公民社会（非政府机构）参与实施[1]
### ——德国自然保护协会情况介绍

德国自然保护协会的主要目的是对濒临消亡的物种进行保护，对此做大量的分析，统计了濒于灭亡的物种，研究后发现人类使用的 75% 的生物质能，都是与昆虫息息相关的。如果昆虫不能被很好地保护的话，那么可能会影响到生物质能的材料来源。德国自然保护协会作为一个非政府组织，为德国的联邦政府和德国的地方政府提供相关信息和咨询服务，同时也和其他非政府组织做了很多联手的项目。

自然保护协会在巴伐利亚提出了一个新的保护森林倡议，百万人积极参与到这个倡议中，这也是大众参与度最高的活动之一。在巴伐利亚有非常多的森林，自然风景非常优美，很有特色。通过巴伐利亚所有的民众对于保护生物多样性所

---

1. 根据德国自然、动物和环境保护联盟主席凯·尼伯特在第六届中德环境论坛上的发言整理，有所删节。

持的积极态度，可以体现出与其他国家的区别。据调查，97%的德国人都希望能够在生物多样性方面做更多的工作，这是一个非常高的数字，可以看到德国民众对这方面是非常关注，也是非常支持的。德国也严格地贯彻欧盟的生物多样性保护的战略，而且也把它落实到整个政府层面、国家层面和法律层面。

德国设定了非常宏伟的生物多样性保护目标，德国41%的生态系统受到了不同程度的影响。在这样的情况下，自然保护协会希望通过努力保护生物多样性而恢复这些生态系统，恢复优美的环境。在德国的生物多样性保护领域中，自然保护协会和非政府组织还有各个部委之间的合作是非常密切的，做了非常多的政府和非政府之间的联手工作。同时，自然保护协会在很多项目中需要去说服政府来共同促进生物多样性保护，出台更多的保护政策，提供更多的优惠条件。

德国很多城市的生物多样性逐渐减少，由于城市化的推进，农业用地越来越少，导致农业方面的生物多样性受到一定的威胁。如果想恢复这方面的生物多样性的话，就需要更多地保护农业用地的资源，减少含氮肥料的使用，减少除草剂使用等。目前德国的情况是，每年补助570多亿欧元用于促进农业的生物多样性的发展，并且签署了生物多样性条约合同，希望能够更多地改善环境，让生物的种类越来越多，保护它们不至于濒临消亡。政府要出台更好的农业政策，但是农业政策需要在欧盟的框架下推进。无论欧盟还是德国，都要求农业政策中提出避免和减少使用农药，更多地利用自然环境进行农业耕种，这样可以提高生物多样性的水平。德国的农业部跟很多非政府组织一起，共同举办一些活动来保护生物多样性，也出台了很多的保护政策。德国的农业部还成立了科学顾问委员会，这个科学顾问委员会并不是只有绿党，或者绿色研究的科学家组成，它包括很多来自科学界各个领域的专家。他们为政府提供建议，如何构建农业，既能让农业产值得到提高，也能够保护生物的多样性。

# 第**5**章

# 循环经济和可持续化学品管理[1]

## 5.1　中国固体废物管理政策介绍[2]

### 5.1.1　中国固体废物污染防治的主要法律制度

（1）《宪法》的相关规定

1978 年修订的《宪法》第一次对环境保护做了规定："国家保护环境和自然资源，防止污染和其他公害"。这为我国的环境保护工作和以后的环境立法提供了依据。但是《宪法》中的这些规定是具有概括总结性、原则性的规定，并非针对司法实践中的具体应用问题。

（2）《中华人民共和国环境保护法》

1979 年 9 月，第五届全国人大第十一次会议原则通过了新中国第一部环境保护基本法——《中华人民共和国环境保护法（试行）》，该法总结了我国环境保护

---

的基本经验，参考了外国环境法中行之有效的管理制度，对环境保护的对象、任务、方针、政策、环境保护的基本原则和制度都作了详细的规定。《中华人民共和国环境保护法》（以下简称《环境保护法》）就是在这部试行法的基础上修改和制定的。《环境保护法》建立了具有中国特色的环境监督管理体制，该法的内容比较全面、系统，以较大篇幅规定了污染防治的基本监督管理制度，为我国污染防治法的发展提供了坚实的基础。这是我国环境保护的根本法，也是我国固体废物管理的根本法，各项有关固体废物污染控制的立法都必须以该法为基础。该法规定的污染防治基本原则、相关制度的规定等是我国固体废物污染控制立法的重要组成部分。

（3）《中华人民共和国固体废物污染环境防治法》

1995 年 10 月 30 日，第八届全国人民代表大会常务委员会第十六次会议通过了《中华人民共和国固体废物污染环境防治法》（以下简称《固体废物污染环境防治法》）除重申了当时环境法律法规已有的环境影响评价制度、"三同时"制度、限期治理和现场检查制度、排污收费制度外，还针对固体废物污染环境的特点，规定了一些新的管理制度。例如一般固体废物和危险废物申报登记制度、固体废物进口许可证制度、危险废物经营的许可证制度、危险废物责任制度、控制固体废物越境转移的制度等。作为我国污染防治领域的重要立法之一，《固体废物污染环境防治法》自 1995 年制定以来，先后经历了 2004 年、2013 年、2015 年、2016 年和 2020 年 5 次修订（改），在防治固体废物污染环境、推动生态文明建设、促进经济社会可持续发展方面发挥了极为关键的作用。

（4）其他固体废物综合管理法规

关于固体废物综合利用的相关法规和标准主要有《资源综合利用认定管理办法》（国经贸资源〔1998〕716 号）、《关于进一步开展资源综合利用的意见》（国发〔1996〕36 号）、《资源综合利用目录》（国经贸资〔1996〕809 号）、《关于对废旧物资回收经营企业增值税先征后返的通知》（财税字〔1995〕24 号）、《关于对部分资源综合利用的产品免征增值税的通知》（财税字〔1995〕44 号）、《农用污泥中污染物控制标准》（GB 4284—2018）、《农用粉煤灰中污染物控制标准》（GB 8173—87）、《再生资源回收管理办法》（商务部令 第 8 号）等。

### 5.1.2　中国固体废物污染环境防治工作重点与改革任务

#### 5.1.2.1　禁止"洋垃圾"入境，推进固体废物进口管理制度改革

（1）有序减少固体废物进口种类

2018 年，为加强固体废物进口管理，中国生态环境部会同有关部门先后两次调整《进口废物管理目录》。2018 年 4 月，生态环境部、商务部、发展改革委、海关总署联合印发《关于调整〈进口废物管理目录〉的公告》（公告 2018 年 第6 号），将废五金类、废船、废汽车压件、冶炼渣、工业来源废塑料等 16 个品种固体废物从《限制进口类可用作原料的固体废物目录》调入《禁止进口固体废物目录》，自 2018 年 12 月 31 日起执行；将不锈钢废碎料、钛废碎料、木废碎料等16 个品种固体废物从《限制进口类可用作原料的固体废物目录》《非限制进口类可用作原料的固体废物目录》调入《禁止进口固体废物目录》，自 2019 年 12 月31 日起执行。2018 年 12 月，生态环境部、商务部、发展改革委、海关总署联合印发《关于调整〈进口废物管理目录〉的公告》（公告 2018 年 第 68 号），将废钢铁、铜废碎料、铝废碎料等 8 个品种固体废物从《非限制进口类可用作原料的固体废物目录》调入《限制进口类可用作原料的固体废物目录》，自 2019 年 7月 1 日起执行。

（2）严格固体废物进口管理

2018 年，中国生态环境部严格执行《固体废物进口管理办法》《限制进口类可用作原料的固体废物环境保护管理规定》的有关要求，从严审批固体废物进口

许可证，对近一年或两年内因相关违法行为受到行政处罚的企业，一律不予受理其固体废物进口申请。2018 年 6 月，海关总署、生态环境部联合印发《关于发布限定固体废物进口口岸的公告》（公告 2018 年 第 79 号），限定固体废物进口口岸，将许可进口固体废物的口岸减少至 18 个。2018 年 12 月，生态环境部、海关总署联合印发《关于发布进口货物的固体废物属性鉴别程序的公告》（公告 2018 年 第 70 号），进一步加强进口固体废物的环境管理，规范进口货物的固体废物属性鉴别工作，解决鉴别难等突出问题。

### 5.1.2.2 继续强化固体废物制度体系建设

（1）开展城市固体废物管理综合指标研究。发布《2020 年全国大中城市固体废物污染环境防治年报》。修订一般工业固体废物贮存、处置场污染控制标准。制订焚烧飞灰污染控制技术规范，研究修订生活垃圾填埋污染控制标准。严格废弃电器电子产品处理审核，整体提升审核进度，完善新增种类许可等管理要求，推动完善基金管理制度。继续推动典型地区开展固体废物排污许可试点，研究推进固体废物管理制度与固定污染源排污许可制度相衔接。

（2）完善危险废物相关配套法规政策，加快推进《危险废物经营许可证管理办法》《危险废物转移联单管理办法》修订，推动制定危险废物集中处置设施、场所退役费用预提制度。修订《国家危险废物名录》；研究制定危险废物鉴别机构管理要求，研究修订危险废物鉴别标准；制（修）订危险废物焚烧和医疗废物处理处置等污染控制标准，研究编制重点行业危险废物环境管理指南；鼓励省级生态环境部门在环境风险可控前提下，探索开展危险废物"点对点"定向利用的危险废物经营许可豁免管理试点，推动建立危险废物分类分级管理制度体系。

### 5.1.2.3 深化"无废城市"建设试点

全面贯彻落实《"无废城市"建设试点工作方案》，加强对"11+5"个试点城市和地区的工作指导、技术帮扶与调度力度，推动试点实施方案目标任务落地见……，酒和饮讯召开"无废城市"建设国际研讨会和现场工作推进会。推动浙江省、吉林省、粤港澳大湾区在本行政区域内开展"无废城市"试点工作。围绕制度、技术、市场和监管体系建设，开展"无废城市"建设试点工作成效评估，形成一批可复制、可推广的示范模式。加强社会宣传，积极引导公众参与，不断扩大"无废城市"建设影响力。

## 5.2 德国固体废物管理政策介绍[1]

### 5.2.1 德国固体废物立法管理

德国政府长期重视固体废物立法管理，不断完善、提升和拓展业已形成的法律法规体系。1996 年 7 月，《固体废物循环经济法》在德国正式生效，成为德国固体废物管理法律体系中的指导性法律。在这部法律中，放在第一位的立法目的是"促进废物在经济圈中的循环利用，进而达到保护自然资源的目的"；而"保障固体废物在环境可承受能力下的安全处置"则被放到了第二位。由此可以看出《固体废物循环经济法》的根本宗旨是：强调固体废物首先要减量化，特别是要降低废物的产生量和有害程度；其次是作为原料再利用或能源再利用；只有当固体废物在当前的技术和经济条件下无法进行再利用时，才可以在"保障公共利益的情况下"进行"在环境可承受能力下的安全处置"。《固体废物循环经济法》明确了固体废物管理的准则，确立了将固体废物循环再生利用作为一项回用经济圈中的目标，即循环经济目标。

为了适应垃圾废物管理思路的转变，德国在垃圾废物处理领域引入了"产品

---

1. 根据德国联邦环境、自然保护和核安全部排放控制、设施和运输安全、化学安全、环境与健康司司长格特鲁德·萨勒在第六届中德环境论坛上的发言整理，有所删节。

生命周期理论"：谁生产了产品，并销售到市场，谁就要对这一产品从市场过程直到该产品使用结束成为垃圾整个流程负责，从而达到了全社会共同承担治理垃圾责任的目的，具体来说就是在垃圾废物管理中引入了生产者责任制度，这是垃圾废物源头避免的关键。生产者责任制度的确立不仅解决了垃圾废物的后续处置费用，而且有利于生产者降低生产成本，达到从源头削减的目的。

为了使垃圾废物处理与环境相容，德国对垃圾废物处理的技术选择做出了严格的规定，任何垃圾废物处理程序都要遵循：源削减、回收利用（包括堆肥）、焚烧回收能源、最终填埋处置这一垃圾废物处理的等级规定，只有在高层次的技术方案不能被利用时，才能使用低层次的技术方案。

德国还根据本国固体废物的具体情况制定了《固体废物分类名录》。《固体废物分类名录》将固体废物分为 20 大类，800 多个小类，理顺了德国固体废物的基本范围与属性，为依法收集、清运、治理城市固体废物提供了基础保障条件。同时，德国还制定了《生活垃圾处理技术导则》《危险废物处理技术导则》《固体废物填埋技术导则》等，对不同类型固体废物的处理技术、工艺、处理设施建设与维护等都提出了指导性的原则和工艺技术要求。

在固体废物运行管理方面，德国颁布实施的《固体废物规划法》要求固体废物产生量较大的企业必须制定废物减量化规划。而《固体废物代理人法》规定每个企业都必须有获得资质的专人对固体废物进行管理。《固体废物处理企业的专业资质证条例》规定对固体废物处理企业的专业资质进行规范管理。固体废物的管理规范已经延伸到德国固体废物处理、管理、运营和相关经济领域，并在德国固体废物治理实践中发挥着不可估量的作用。

## 5.2.2　德国固体废物管理政策与实践

近年来，德国在固体废物管理政策方面制定了一系列实施细则和配套的推进措施。德国现行的垃圾废物管理政策主要包括三个方面：一是尽可能避免垃圾废物的产生；二是在垃圾废物产生不可避免的情况下，尽量减少垃圾废物的产生量，并使垃圾废物在资源循环和能源循环方面能够被最大限度地再生利用；三是只有不能再生利用的垃圾成分才能够以环保的方式进行处理处置。从实践看，上述政策已经成为推进德国生活垃圾和固体废物治理的强力支撑。德国在垃圾废物处理领域，主要采用了严格执法与市场运作相结合的原则。全新的垃圾废物管理思路，对垃圾废物管理者提出了更高的要求，从法律上更严格地约束了垃圾废物处理者的行为，使垃圾废物的处理活动采用更合理的、与环境相容的处置方式。

德国的居民生活垃圾处理模式已经发生了根本性的变化。德国政府制定和实施了一些优惠政策来吸引私有资金进入城市生活垃圾处理领域，促进了生活垃圾处理企业之间的公平竞争。这种通过招投标方式实现的竞争不仅提高了生活垃圾收运处理效率，降低了生活垃圾处理处置成本，提高了从事生活垃圾处理企业的竞争力，也促进了生活垃圾处理技术的革新与深化。从德国垃圾废物处理企业的实际情况看，政府所有企业和私人企业各占一半，私人企业承担了大多数的生活垃圾回收、处理业务。在生活垃圾处理的服务方式选择上，主要是签订长期合同和招标两种服务方式。自 2003 年起采用招标方式。

从 20 世纪 70 年代开始，德国的城市生活垃圾处理走过了一条最初由国家职能部门负责生活垃圾处理到由国家职能部门监督下的国有公司处理，最终发展到由在国家职能部门监督下，按市场经济配置的私人公司或含有部分国有股份的私人公司处理生活垃圾的新模式。目前，德国从事固体废物处理工作的从业人员约计 20 余万人。

为充分体现"污染者负担原则"，德国规定企业产生的垃圾由企业自己负责消纳处理。自 20 世纪 90 年代以来，随着对城市生活垃圾污染属性和资源属性认识的深化，德国已经实现生活垃圾治理从被动处理到主动预防的转变。面对日益剧增的生活垃圾产生量，德国政府从维护环境质量和民众健康的角度综合考虑，先突出了避免、减量和循环再生等前端治理措施，随后更加严格规范了制定的各种生活垃圾处理技术标准，而且不断拓宽、延伸和提升各种管理标准和技术标准规范涉及的范围。

德国政府严格推行城市生活垃圾"按户收费、分类收集、分类清运、分类处理和综合利用"的政策。政府大力推行城市生活垃圾收费制度。实行城市生活垃圾收费政策主要是为生活垃圾处理提供比较充足的资金。目前德国采用的生活垃圾收费征收方式主要有两类：一类是向城市居民收费；另一类是向生产商收费（又称产品费）。对于居民收费来说，德国各个城市的生活垃圾收费方式不尽相同，有的是按户收费，以生活垃圾处理税或固定费率的方式收取；有的是按生活垃圾排放量来收取。目前德国大多数城市是按户征收生活垃圾处理费用，部分城市开始试用计量收费制，按废物量收取，但是由于目前对计量收费制度的研究还不完善，并没有得到广泛推广。

在生活垃圾处理技术方面，德国计划在 2008 年取消混合垃圾填埋。提倡可回收物和有机垃圾等分类收集、分类处置。德国对有机垃圾的处理方法主要采取厌氧消化、余渣制肥和生物发电的工艺技术。对于混合收集的有机垃圾，则采取先将垃圾水洗分选后再进入厌氧消化罐进行处理的方式；也有的混合垃圾采取直接焚烧发电，同时对发电余热进行回收利用。各种类型的生活垃圾处理厂均不把经过处理的垃圾残渣当作废物，而把它当作另一种生产原料。

在生活垃圾处理设施建设投资方面，德国政府和各州政府给予每个生活垃圾处理厂一定数量的无偿补助，并提供优惠贷款。一般一座生活垃圾处理厂建成运营后，12～15 年即可回收投资。据悉，德国回收建设投资的渠道主要由三部分构成，最大一部分是收取的生活垃圾处理费，其次是垃圾发电和垃圾堆肥的收入。

德国城市生活垃圾管理政策体系在生活垃圾治理中起到了非常重要的保障与

人群作用，但是德国的生活垃圾处理体系也存在生活垃圾处理和回收再利用成本过高等问题。德国每年每户家庭平均缴纳约 70 欧元的生活垃圾处理费，焚烧处理生活垃圾的平均成本约 185 欧元/吨，卫生填埋的平均成本约 75 欧元/吨，堆肥的平均成本约 200 欧元/吨，而且呈逐年上升趋势。这已经成为德国生活垃圾治理体系中需要解决的一个重要问题。

## 5.3    中国固体废物管理及 "无废城市" 建设试点[1]

### 5.3.1    中国城市生活垃圾现行处理模式及特点

中国城市生活垃圾产生量快速增长，根据住房和城乡建设部 2019 年 1 月发布的《2017 年城乡建设统计年鉴》显示，2017 年我国城市生活垃圾清运量为 21 521 万吨，比 10 年前增长 1.4 倍。面对城市生活垃圾产生量快速增长的巨大压力，我国主要采用卫生填埋、垃圾焚烧和生物处理 3 种方式进行无害化处理，其中卫生填埋一直占据主要地位。2017 年我国 1 013 座城市生活垃圾无害化处理厂中，卫生填埋占比 65%，焚烧占比 28%，其他占比 7%。卫生填埋具有成本低、技术成熟等优点，但也存在占地量大、累积堆存量大和次生污染频发的缺点，所以在经济发达地区及城市用地紧张地区，逐步凸显其与发展的不适应性。垃圾焚烧处理方式因其具有占地空间小、处理效率高、减量效果明显及燃烧余热可利用等优点，已在发达国家广泛应用并成为主流方式，但我国前期因生活垃圾未有效分类、技术落后、运营成本高、监管不力、"邻避问题"等问题难以推广。生物处理主要是利用自然界中的微生物等，将生活垃圾中的可降解有机物转化为稳定的产物、能

---

1. 根据中国生态环境部固体废物与化学品管理技术中心工程师藤婧杰在第六届中德环境论坛上的发言整理，有所删节。

源和其他有用物质的一种处理技术，具有技术成熟、工艺简单及二次产物可资源化利用等优点，但我国目前因此方式处理时间长、处理量小、生活垃圾未有效分类及发酵过程不易控制等原因，实际运用占比很小。

随着经济、技术、社会的不断发展，人们对城市生活垃圾处理的要求越来越高，从逐步推动减量化、资源化、无害化的进程来看，我国城市生活垃圾处理现阶段主要呈现以下三个特点：①从以填埋为主的垃圾处理结构逐步向焚烧为主转变；②从以生活垃圾污染治理为主向"治""用"结合模式转变；③从以政府为主处理向全民参与+PPP（Public-Private-Partnership）模式转变。

### 5.3.2　"无废城市"理念下生活垃圾处理模式

（1）共建共享的绿色产业链模式

我国目前城市生活垃圾产业链已严重与经济社会发展脱节，无论是垃圾产生源头、清运过程，还是回收利用链条、处理方式及产业格局等方面，都存在诸多问题。在经济理性思维影响下，人们的日常生产生活行为更加趋于经济理性化，把追求利益最大化和效用最大化作为日常生产行为的主要目的，因此，在经济市场条件下，应该把各种环境成本合理纳入各生产者的内部成本核算，采取有效经济措施，才能减少"公地悲剧"发生。在"无废城市"理念下，大力推行共建共享的绿色产业链模式，发展静脉产业将是趋势之一。

目前，我国城市生活垃圾上游分类、中游运输、下游处理未形成清晰完整高效的产业链，干湿分离难度大、回收成本高，导致长期以来垃圾减量效果不明显和回收利用率低。构建共建共享绿色产业链，要合理考虑各环节利益点，紧扣减量化、资源化、无害化处理原则，逐步推行居民绿色生活方式和消费方式，减少生活垃圾源头的产生量和闲置物品交换利用率，将部分垃圾通过分类、交换、生物处理等方式建立家庭内外循环的生态圈；切实推行生活垃圾分类投递、分类清进行分类处理，引入 **PPP** 模式，完善环境信用体系；利用技术创新、社区服务、移动支付平台、便捷高效网络系统、物流平台和专业机构，整合垃圾回收产业上下游资源，逐步优化静脉产业链条；加强政府引导能力和政策支持力度，以市场驱动、全民参与的方式，让政府、企业、居民等各参与方互惠互利，多方共赢，从而生成良性循环的内生动力，逐步形成健康产业格局，实现"无废城市"建设目标。

（2）生活垃圾焚烧发电产业

一方面，在处理方式上，在"无废城市"理念指导下，有效利用 PPP 模式大力发展垃圾焚烧发电产业，将是我国城市生活垃圾处理的有效模式之一。焚烧发电具有其他处理方式不可比拟的，对垃圾资源较为彻底的回收利用优势。随着近年垃圾焚烧技术成熟性和可靠性的提高，公众对该类项目的认知逐步得到改观，加快了其产业发展速度。同时生活垃圾分类的深入推进，将进一步减少垃圾焚烧造成的环境污染，以及提高焚烧效率，使垃圾焚烧发电的经济、社会效益日趋显现，从而吸引更多社会资本、民营企业进入该产业，促进其蓬勃发展。而垃圾焚烧发电产业将会逐步代替卫生填埋成为我国城市生活垃圾处理的主要方式。

另一方面，国家陆续出台了系列支持政策和规划，如 2016 年 12 月发布的《"十三五"全国城镇生活垃圾无害化处理设施建设规划》中提出，到 2020 年年底，设市城市生活垃圾焚烧处理能力要占无害化处理总能力的 50%以上，其中，东部地区要达到 60%以上。而我国 2017 年城市生活垃圾焚烧处理能力占无害化处理总能力的 44%，距离规划目标仍相当远，不过，环保政策驱动和国家对 PPP 模式的提倡为我国垃圾焚烧发电产业的提速发展提供了良好机遇，这个目标应该能够实现。"十三五"期间，垃圾焚烧发电行业除继续集中在东部沿海地区且项目平均规模相对大以外，还将逐步向中部和西部及二线、三线城市转移。湖南省因已建垃圾焚烧发电项目而取得可观的社会效益、经济效益和生态效益，从而提出到 2020

年，实现生活垃圾焚烧处理设施覆盖全省 14 个市州的建设目标。

# 5.4 中国化学品管理情况介绍[1]

## 5.4.1 危险化学品概述

危险化学品指具有毒害、腐蚀、爆炸、燃烧、助燃等性质，对人体、设施、环境具有危害的剧毒化学品和其他化学品。由于这些化学品具有较强的危险性，因此在生产、存储和使用过程中必须要严格遵守相关的规范，防止灾害性事故发生造成严重不良后果。大部分危险化学品在造成火灾后都会持续蔓延，导致周围环境、人员等安全受到威胁。这些蔓延不仅包括有形的燃烧蔓延也包括一些无形的毒气蔓延，对周围生物生命安全造成严重威胁。此外，部分化学品爆炸或燃烧后会与周围空气或者其他物质产生化学反应，形成有毒物质或者发生二次爆炸的情况。

## 5.4.2 危险化学品的安全管理影响因素

①易燃、易爆因素。常温下，危险化学品若发生撞击，或者临近货源、热源，就会发生自爆、自燃等情况，甚至引发大规模的爆炸。这主要是由危险化学品本身的物质结构组成及化学性质导致的。

②毒害性因素。危险化学品的化学物质可以分为水溶性与脂溶性两种，并且无论是哪一种，均存在有毒害性的化学物质，能够通过不同的渠道深入人类机体，影响人类的整体机能与身体健康。

③突发性因素。若危险化学品发生安全事故，则是在较短的时间内，甚至是

---

1. 根据中国生态环境部固体废物与化学品司化学品处处长田亚静在第六届中德环境论坛上的发言整理，有所删节。

瞬间发生的，其缺乏先兆，人们往往无法及时躲避。这种突发性会加剧安全事故对人员及财产的损害，造成较恶劣的后果。

④扩散性因素。危险化学品往往具有一定的扩散性、挥发性，会在周边环境中不断扩散，若是可燃性气体，则密度小于空气，会迅速扩散，与空气中的物质形成混合物，危害周边自然环境，引发延迟性燃烧、爆炸、中毒等情况，严重影响社会安全。

### 5.4.3　危险化学品安全管理重点工作任务

未来，中国对化学品的监督与管理，主要包括 5 项重点任务：第一，开展化学物质环境风险评估。对需要优先管理的化学物质纳入优先管理的化学物质名录，进行优先的环境风险管控。第二，落实优先环境管理化学物质的环境风险管控。第三，规范开展化学物质相关行政审批工作。这里指中国在化学品管理方面的两个行政审批，一个是新化学物质环境管理登记，一个是有毒化学物质进出口环境管理登记。第四，落实履约任务完善履约长效机制。将《斯德哥尔摩公约》《鹿特丹公约》等有关公约中的要求，纳入国内的化学物质环境管理的制度，形成长效机制。第五，加强化学物质环境管理对外交流与合作。

## 5.5　中国废锂电池回收处理环境管理情况[1]

### 5.5.1　磷酸铁锂电池回收管理

（1）磷酸铁锂电池特性

磷酸铁锂（$LiFePO_4$）电池正极材料由橄榄石结构的 $LiFePO_4$ 组成，负极由石

---

1. 根据中国生态环境部固体废物与化学品管理技术中心工程师王兆龙在第六届中德环境论坛上的发言整理，有所删节。

墨组成，中间是聚烯烃 PP/PE/PP 隔膜，用于隔离正负极、阻止电子而允许锂离子通过。与三元锂等其他的动力电池材料比较，磷酸铁锂电池有三个优势：① LiFePO$_4$ 的原物料主要为碳酸锂和铁，其资源分布广泛，价格低廉且无环境污染。②磷酸铁锂电池安全性能良好，在高温、高压、潮湿、挤压及穿刺等恶劣条件下均保持了较高的安全性。③技术成熟，我国在"十五"期间将其列为重点科技攻关项目，在此期间，磷酸铁锂电池的多项关键技术均已取得突破。目前，磷酸铁锂电池技术早已成熟，为我国多家大型企业所掌握。

正是由于磷酸铁锂电池的以上优点，使其在我国发展迅猛。目前我国在用的新能源汽车里，以磷酸铁锂为动力电池的新能源汽车占比一直在 50% 以上，其在新能源商务车中的占比更是超过 80%。但是，随着新能源汽车最近几年在我国的高速发展，磷酸铁锂电池的弊端也在显现，能量密度不够。目前，磷酸铁锂电池的能量密度发展到 140 瓦时/千克，已到极限值，无法突破。目前，我国主要的电池厂商均在向三元锂电池方向转型。

（2）磷酸铁锂电池回收现状

磷酸铁锂电池的循环使用寿命为 2 000 次左右，在正常使用条件下，可使用 5 年左右。此时磷酸铁锂电池容量已低于 80%，不能满足汽车正常行驶时对电池容量的要求，而电池容量又高于 60%，能够应用于电池容量要求不高的领域，从而形成对磷酸铁锂电池的梯次利用。

我国前几年加大对新能源汽车的补贴，使动力电池领域迎来了大发展，新能源汽车的保有量不断增加。然而受电池使用寿命的限制，在 2012—2014 年生产的动力电池将会在 2018 年大范围失效。磷酸铁锂电池容量衰减到 80% 后，便不适用于新能源汽车，但仍可在对能量密度要求不高的场景下使用，有较高梯次利用价值。其中，低速电动车和铁塔基站等有较大的需求。当磷酸铁锂电池容量进一步衰减到 50% 后，其使用价值趋近于零，可对其进行拆卸回收。但是由于磷酸铁锂电池中不含贵金属，其回收利用价值不高，除去人工、设备、能源等成本，拆解回收磷酸铁锂电池将会导致少量亏损。

由于磷酸铁锂电池组成较铅酸电池复杂，其拆解回收工艺更为复杂。普通手工作坊不具备拆解回收能力，磷酸铁锂电池的回收是一项"赔本的买卖"。该回收领域只有几家大型企业，且积极性不高，没有小型企业愿意涉足。好的方面是，磷酸铁锂电池因为本身没有重金属，对环境几乎无污染，所以即使不回收，也不会污染环境。

## 5.5.2　三元锂电池回收管理

（1）三元锂电池特性

最初的三元锂电池正极材料由层状结构的 Li-Ni-Co-Mn-O 材料组成，随着电池技术的不断发展，有些厂商在三元材料里用 Al 来替代 Mn。与磷酸铁锂电池相比，三元锂电池不仅价格昂贵，且性能不稳定。但是这些缺点均不能掩盖三元锂电池能量密度高的优点。理论上三元锂电池的能量密度可达到 300 瓦时/千克，目前，已经面世的三元锂电池的能量密度可达到 220 瓦时/千克，为磷酸铁锂电池的两倍。

由于磷酸铁锂电池的能力密度已经开发到达极限值，而三元锂电池的能量密度更高，近年来，国内各大电池厂均集中力量突破三元锂电池存在的各种技术难关。"磷酸铁锂时代"的里程焦虑问题在"三元锂时代"基本上得到了解决。现在，新售的新能源轿车多数采用能量密度更高的三元锂电池。宁德时代、比亚迪等几家大型企业生产的三元锂电池动力模块均能满足各项性能指标，安全高效地在新能源汽车上使用。

（2）三元锂电池回收现状

三元锂电池的理论循环使用寿命与磷酸铁锂电池类似，为 2 000 次左右。不同于磷酸铁锂电池，三元锂电池在 2 000 次循环寿命完成后，电池容量迅速衰减，没有梯次利用价值。所以，三元锂电池在正常使用 5 年后基本报废。三元锂电池中含有大量稀有元素。近年来，钴、镍、锰、锂等金属材料的价格逐年水涨船高。其中钴的价格在 2019 年 4 月为 27 万元/吨。所以，三元锂电池报废回收具有较高经济收益。

动力电池的回收过程一般分为放电、拆解、粉碎、分选等预处理流程，然后分离出电池内的金属外壳、电极材料等，再将电极材料经过特定的回收工艺处理，最终筛选得到有价值的金属材料。目前，主流电极材料的回收工艺有物理回收工艺、湿法回收工艺和火法回收工艺。三种工艺有一个共同点：需要昂贵的设备、复杂的技术和巨额的资金投入才能完成。

近两年大量使用的三元锂电池还没有到集中报废的时间，三元锂电池的回收量不大，中小型电池回收企业对高额的投入望而却步，只有少数几家大型企业在该领域进行回收。由于大型企业响应国家号召，重视节能环保，目前，三元锂电池的回收利用、节能环保还处在良性循环上。再过几年，随着三元锂电池大规模的报废，提前布局的企业将取得先发优势。

### 5.5.3　未来中国废锂电池环境管理工作重点

根据《"十三五"生态环境保护规划》的有关要求，中国将健全再生资源回收利用网络，规范完善废旧电池综合利用与管理。对于电动汽车及电池生产企业，应负责建立废旧电池回收网络，利用售后服务网络回收废旧电池，统计发布回收信息，确保废旧电池规范回收利用和安全处置。未来，中国将做好两项重点工作：一是指导有关基层生态环境部门为相关废旧电池处理企业核发排污许可证，做好技术指导；二是在充分摸清行业污染防控情况的基础上，研究制定废旧电池处理污染控制的技术规范。

## 5.6 多利益相关方参与支持电池回收[1]

2016 年欧盟废旧电池回收率约为 55%，需要采用创新技术及措施，实施电池回收，避免人体健康受有害物质的影响。2018 年欧盟启动实施循环经济行动计划，推行生产者责任延伸制，垃圾处理企业、非政府组织等以及原材料加工、建筑、生物质、化石能源等企业参与整个废旧电池回收行业供应链，以此推动电池回收行业的发展。

欧盟电池回收遵守的原则为推动电池行业使用生态设计、环保设计策略，应用可回收物质，关注产品的可持续发展性，并在最后回收材料进行比较干净的分类。同时欧盟致力于绿色公共采购及发放环保标志等以促进生产环节的绿色化。

欧盟范围内支持电池回收政策工具，涵盖产品完整的生命周期，具体包括实施废弃电子电气设备指令、电池指令、有害物质限制指令、低电压指令、一般产品安全指令等政策措施，这一系列的政策措施促进了电池回收。

欧盟围绕电池回收开展沿供应链的数据交换计划。《废物框架指南》自 2018 年 4 月开始生效，要求废物拆解报废要进行信息登记。2020 年发布供应链数据库原型，2021 年开始要求供应商有义务提交信息，即在数据库基础上收集证实补充生产当中使用、产生化学品信息。

在有责任的回收中，为保证各个方面利益方做法正确，需要针对回收进行检测认证，以保证在废旧电池回收中遵守规章制度。

然而废弃电子电气设备指令在实施中仍存在可回收性解释不统一、标签不够明确等问题。为支持电池回收，建议应加强对环境保护的态度和意识的培养，如学校中增加环保方面的课程；加强执法方面，利用区块链等方面技术，通过第三

---

1. 根据莱茵检测认证服务（中国）有限公司大中华区副总裁霍扬在第六届中德环境论坛上的发言整理，有所删节。

方行业的认证，提高电池回收标准，保证利益相关方有效遵守环境法规。

## 5.7　高性能聚合物的可持续碳循环回收[1]

科思创公司是一家年轻的化工初创公司，也是全球最大的聚合物生产商之一，共有员工 6 000 人。2018 年收入 140 亿欧元。产品包括泡沫、冰箱绝缘体、玻璃等，在很多领域都是全球领先，业务主要分布在德国、美洲、中国。

科思创公司积极履行企业社会责任，重视气候和环境的影响，积极考虑原材料利用，尤其是对能源的节约。公司长期致力于零碳增长的目标，从 2005 年开始整个生产中逐步取消化石能源，成功实现对气候零影响的生产过程。

除不再使用化石能源之外，科思创公司进一步追求减少能源的消耗，利用生物能源以及用碳来进行循环。从化石能源到产品当中，很多聚合物得到使用，在这个过程当中要消耗许多能源，而最后产品处理结果就是进行焚烧。虽然焚烧会产生能源，但是这个过程并不是完美、环保的结果。公司生产、产品等所有领域长期完全符合循环经济的理念，计划通过将遍布全球的生产设施转向使用替代性原材料与可再生能源。

此外，科思创公司正在开展 20 多个回收利用研究项目，旨在找到创新的方式，提高回收的数量和品质，产品设计越来越有利于今后的回收利用。科思创公司作为生产厂家、客户以及最终消费者共同参与终端产品的具体设计，考虑产品有效回收技术，开展垃圾管理、回收与分类，高效开展垃圾利用。公司优化回收设计，生产的食品产品、儿童玩具使用安全的可回收材料，同时进行有效垃圾的管理，尽量减少垃圾焚烧，通过可重新利用、可回收利用的能源来解决资源问题。通过

---

1. 根据科思创全球能源、气候和循环经济定位与倡导主管克里斯托夫·西福林博士在第六届中德环境论坛上的发言整理，有所删节。

这些努力，公司加速向循环经济的转型，特别是在化学与塑料行业，为实现温室气体中和经济的目标做出贡献。

此外，科思创公司还通过与价值创造周期的各个领域伙伴开展合作，通过资源匹配追求共同利益。以德国为例，德国每年垃圾产生量约 500 万吨，但每年需要化石、碳原料 2 000 万～2 500 万吨。科思创公司向上游产业努力，通过碳回收弥补能源的缺乏，通过资源和能源可重新利用、可回收利用，增加钢铁行业等合作伙伴，加强以资源出口为导向的资源国家的合作，通过对化石加工、资源利用，逐步过渡到新能源的替代。

# 5.8　从材料循环中去除危险物质[1]
## ——全球化时代的方法

欧绿保集团成立于 1968 年，"高效的循环再生"是欧绿保集团的核心理念，成立伊始就认为旧产品和材料重新变为原材料是一项非常有价值的工作。欧绿保集团业务主要分布在欧洲和亚太地区，总营业额 21 亿欧元，员工超过 8 000 人。目前在中国运营 5 座工厂：江苏省连云港市的危险废物资源循环再生项目、香港的废旧电器电子产品处理园区、广东揭阳的生活垃圾处理厂、上海废旧汽车拆解处理工厂（与宝钢集团合作），以及位于海南省海口市的有机垃圾处理厂。通过运营和管理这些工厂，致力于将欧绿保在循环经济领域的经验、技术和理念推广到中国。

欧绿保废物处理的理念是危险废物应开展从收集到循环再生的全价值链管理，危险废物的产生、收集、分类、储存、运输、最终处置每一个环节，都应提出有针对性的解决方案。如针对危险废物所含有害有毒物质的不同成分，设计和

---

1. 根据欧绿保公司中国区战略经理蒋·乔伊斯在第六届中德环境论坛上的发言整理，有所删节。

提供专门的回收包装；实施点到点的危险废物的运输服务；专业化学分析师现场处理危险废物；将危险废物进行取样分析；根据最终的结果提供相应最匹配、最佳的处置技术等。从危险废物的产生到末端的处理，皆采用高效的管理，并且运用现代化的技术，通过不断技术的创新和优化，能够实现危险废物循环利用。另外匹配最恰当、最佳处置的技术，还需要掌握危险废物全面的信息，并且符合《环境保护法》《固体废物污染环境防治法》《国家危险废物名录》等一系列法律法规的要求。

在结合我们掌握的全面的危险废物的信息，并且在符合当地法律法规的要求下，欧绿保公司可以匹配最恰当、最佳处置的技术。按照现在的经验，危险废物含有有机成分或有毒有害成分比较高，一般采用焚烧的技术进行处理。在国内一般采用回转窑焚烧技术。对于一些无机废料，比如灰渣，一般考虑安全填埋。像废酸、废碱、废乳化液废料，一般采取雾化处置的方式。含有可利用、可回收价值的废料，例如含重金属的污泥、废活性炭、废催化剂等，可以采取相应的再生技术，使这些废料得到循环利用。

作为全面的环境供应商，欧绿保集团投资于提取和处理可回收材料技术，向客户提供全方位服务，包括从危险废物咨询到提供可靠的回收、解决方案，再到最先进的分拣技术，以及创新的物流包括在全球范围内的原材料贸易。欧绿保可以根据不同类型的废料提供现代化的再生技术，如电镀污泥、废旧电器电子产品、废桶、废胶片、废溶剂等可回收的废料，通过采取以上再生技术，使它们重新回到材料回收和循环利用的体系中去，从而减少资源的消耗，并且降低经济发展对原生材料的依赖性。通过技术创新和优化，充分发挥危险废物在循环利用方面的潜力。

# 后 记

　　中德环境论坛是由中德两国政府共同发起的部长级环境政策对话机制，是落实中德政府磋商成果的重要活动，是双方开展生态环境合作的重要平台，受到中德两国政府的高度认可与支持。截至2019年，双方已举办了6届论坛，主题涉及可持续能源、循环经济、环境技术、环保政策与产业、绿色可持续发展等，参会总人数超过1 200人次。中德环境论坛始终以务实合作和创新驱动为引领，为中德两国政府官员、环保专家、研究机构以及企业界代表提供了重要的沟通交流平台，共享环境治理经验，促成合作商机，推动两国环保合作不断深化和拓展，为中德两国政府间合作发挥了积极作用。

　　本书是在第六届中德环境论坛嘉宾发言和讨论的基础上整理编写而成，汇集了两国政府环保部门、专家学者和企业家，从各自角度提出对中德环境合作的新观点、新看法、新期盼。分工如下：张楠、王新整理并编写第1章绿色发展政策与进展；王梦涵、杨玉川整理并编写第2

章加速创新与落实应对气候变化政策；黄金丽、贺信整理并编写第 3 章工业和能源转型政策；葛天祺整理并编写第 4 章 2020 年后全球生物多样性框架及执行；李博、郭昕整理并编写第 5 章循环经济和可持续化学品管理。

最后，感谢中国生态环境部国际合作司，感谢德国联邦环境、自然保护与核安全部国际和欧洲政策、气候政策司及德国经济亚太委员会在举办论坛过程中给予的宝贵指导！感谢中国环境保护产业协会和德国国际合作机构的友好合作。

希望本书能够与广大的读者分享第六届中德环境论坛成果，展示中德环境保护合作成果，从而更好地推动中德环境合作行稳致远。书中如有错漏或不妥之处，敬请批评指正。

本书编写组

2020 年 6 月